产品造型设计技术与应用案例解析

宣俊伟 编著

清华大学出版社
北京

内 容 简 介

本书以实战案例为指引,以理论讲解作铺垫,全面系统地介绍了有关产品造型设计的方法与技巧。

本书用通俗易懂的语言、图文并茂的形式对Rhino在产品造型设计中的应用进行了全面细致的剖析。全书共9章,由浅入深,对产品造型设计入门、Rhino软件基础操作、物件的编辑操作、曲线的绘制与编辑、曲面造型的绘制、曲面造型的编辑、实体的创建与编辑、网格和细分等内容进行了阐述,最后介绍了与产品造型设计相关的KeyShot渲染器。

本书结构合理,内容丰富,易学易懂,既有鲜明的基础性,也有很强的实用性。本书既可作为高等院校相关专业学生的教材,又可作为培训机构以及产品造型设计爱好者的参考书。

本书封面贴有清华大学出版社防伪标签,无标签者不得销售。
版权所有,侵权必究。举报: 010-62782989, beiqinquan@tup.tsinghua.edu.cn。

图书在版编目(CIP)数据

产品造型设计技术与应用案例解析 / 宣俊伟编著. —北京: 清华大学出版社, 2024.4
ISBN 978-7-302-65814-6

Ⅰ.①产… Ⅱ.①宣… Ⅲ.①工业产品—造型设计—研究 Ⅳ.①TB472.2

中国国家版本馆CIP数据核字(2024)第058968号

责任编辑: 李玉茹
封面设计: 杨玉兰
责任校对: 周剑云
责任印制: 宋 林

出版发行: 清华大学出版社
网　　址: https://www.tup.com.cn, https://www.wqxuetang.com
地　　址: 北京清华大学学研大厦A座　　邮　编: 100084
社 总 机: 010-83470000　　邮　购: 010-62786544
投稿与读者服务: 010-62776969, c-service@tup.tsinghua.edu.cn
质 量 反 馈: 010-62772015, zhiliang@tup.tsinghua.edu.cn
课 件 下 载: https://www.tup.com.cn, 010-62791865

印 装 者: 三河市龙大印装有限公司
经　　销: 全国新华书店
开　　本: 185mm×260mm　　印　张: 17.5　　字　数: 425千字
版　　次: 2024年5月第1版　　印　次: 2024年5月第1次印刷
定　　价: 79.00元

产品编号: 102130-01

前言

产品造型设计是产品设计中的重要一环。Rhino软件是一款功能强大的专业三维建模软件,在产品造型设计、动画制作、工艺制作等领域应用广泛,同时该软件操作方便、易上手,深受广大产品造型设计从业人员与产品造型设计爱好者的喜爱。

Rhino软件除了在产品造型设计方面展现出强大的功能性和优越性外,在软件协作性方面也体现出了优势。根据设计者的需求,可将Rhino文件导入C4D、CAD等软件中进行应用。随着Rhino软件版本的不断升级,产品造型设计师可以将更多的精力和时间用在创造上,以制作出造型流畅优美的产品。

本书内容概述

本书从学生的实际情况出发,以浅显易懂的语言和直观的图示来进行讲解,内容理论与实践并重,同时注重职业能力的培养。

全书共9章,各章内容如下。

章	内容导读	难点指数
第1章	主要介绍产品造型设计相关知识、产品造型设计应用领域、产品造型设计常用软件及产品造型设计在行业中的应用等内容	★☆☆
第2章	主要介绍Rhino的工作界面、工作环境、Rhino选项设置、文件的新建与管理及背景图的应用等内容	★☆☆
第3章	主要介绍物件的基础操作及进阶操作等内容	★★☆
第4章	主要介绍基本曲线、标准曲线的绘制,从物件建立曲线及编辑曲线的操作等内容	★★☆
第5章	主要介绍基本曲面及复杂曲面的绘制等内容	★★★
第6章	主要介绍延伸曲面、曲面倒角、连接曲面、曲面偏移及曲面的其他操作等内容	★★★
第7章	主要介绍实体的创建及编辑等内容	★★★
第8章	主要介绍网格的创建与编辑及细分的创建与编辑等内容	★★☆
第9章	主要介绍KeyShot渲染器、导入Rhino文件、KeyShot的工作界面、材质库、颜色库、灯光、环境库、纹理库及渲染输出等内容	★★★

选择本书理由

本书采用**案例解析 + 课堂实战 + 实战演练 + 课后练习 + 拓展赏析**的结构进行编写，内容由浅入深、循序渐进，可让读者带着疑问去学习知识，并从实战应用中激发学习兴趣。

（1）专业性强，知识覆盖面广。

本书主要围绕产品造型设计行业的相关知识点展开讲解，并对不同类型的案例制作方法进行解析，让读者了解并掌握该行业的设计原则与制作要点。

（2）带着疑问学习，提升学习效率。

各章先对案例进行解析，然后再针对案例中使用的重点工具进行深入讲解。这样能让读者带着问题去学习相关的理论知识，从而有效提升学习效率。此外，本书所有的案例都经过精心的设计，读者可将这些案例应用到实际工作中。

（3）行业拓展，以更高的视角看行业发展。

本书在每章结尾部分安排了"拓展赏析"板块，旨在让读者掌握本章相关技能后，还可了解行业中一些有意思的设计知识及设计技巧，从而开拓思维。

（4）多软件协同，呈现完美作品。

一份优秀的设计方案，通常是由多个软件协作完成的，产品造型设计也不例外。在本书最后增加了KeyShot渲染器协作章节，读者可以通过KeyShot渲染器渲染Rhino制作的模型，使其呈现出真实的质感。

本书读者对象

- 从事产品造型设计的工作人员
- 高等院校相关专业的师生
- 培训机构学习产品造型设计的学员
- 对产品造型设计有浓厚兴趣的爱好者
- 想通过知识改变命运的有志青年
- 想掌握更多技能的办公室人员

本书由宣俊伟编写，在编写本书过程中力求严谨细致，但由于时间与精力有限，疏漏之处在所难免，望广大读者不吝指正。

编　者

实例文件

学习视频A

学习视频B

索取课件与教案

目录

第1章 产品造型设计入门

1.1 产品造型设计知识准备 2
    1.1.1 产品造型设计术语 2
    1.1.2 产品造型设计流程 2

1.2 产品造型设计应用领域 3

1.3 常用设计软件 4
    1.3.1 Rhino 4
    1.3.2 KeyShot 4
    1.3.3 VRay 5
    1.3.4 Photoshop 5
    1.3.5 AutoCAD 5

1.4 产品造型设计在行业中的应用 5
    1.4.1 产品造型设计行业概况和对应的岗位 5
    1.4.2 产品造型设计从业人员应具备的素养 5

课堂实战 了解Rhino建模的相关术语 6
课后练习 了解Rhino在产品造型设计中的优势 7
拓展赏析 知名工业设计奖项 8

第2章 Rhino软件基础操作

产品造型设计

- 2.1 Rhino的工作界面 ············ 10
  - 2.1.1 标题栏——显示文档信息 ············ 10
  - 2.1.2 菜单栏——菜单命令 ············ 10
  - 2.1.3 命令行——指令输入 ············ 11
  - 2.1.4 工具栏——常用工具 ············ 11
  - 2.1.5 视图区——模型显示区域 ············ 13
  - 2.1.6 状态栏——状态显示 ············ 13
  - 2.1.7 面板——辅助建模 ············ 14
- 2.2 工作环境 ············ 14
- 2.3 Rhino选项设置 ············ 16
  - ▶ 2.3.1 案例解析——自定义格线 ············ 17
  - 2.3.2 文件属性设置——设置文件属性 ············ 18
  - 2.3.3 Rhino选项设置——设置Rhino选项 ············ 20
- 2.4 文件的新建与管理 ············ 22
  - ▶ 2.4.1 案例解析——保存模型 ············ 22
  - 2.4.2 打开/关闭文件——打开或关闭已有的文件 ············ 23
  - 2.4.3 新建文件——创建新的文件 ············ 24
  - 2.4.4 保存文件——保存制作完成的文件 ············ 24
- 2.5 导入背景图 ············ 25
  - 2.5.1 导入背景图——放置背景图 ············ 25
  - 2.5.2 编辑背景图——调整背景图效果 ············ 26

课堂实战 制作米饭碗模型 ············ 26

课后练习 制作换鞋凳模型 ············ 29

拓展赏析 工艺美术品之西汉长信宫灯 ············ 30

第3章 物件的编辑操作

3.1 物件的基础操作 ……32
- 3.1.1 案例解析——制作耳机模型 ……32
- 3.1.2 选择物件——选取物件 ……33
- 3.1.3 移动物件——更改物件的位置 ……34
- 3.1.4 复制物件——快速制作相同的物件 ……35
- 3.1.5 旋转物件——更改物件的角度 ……36
- 3.1.6 缩放物件——更改物件的大小 ……37
- 3.1.7 倾斜物件——使物件倾斜 ……39
- 3.1.8 镜像物件——对称物件 ……40
- 3.1.9 群组物件——编组物件 ……40

3.2 物件的进阶操作 ……41
- 3.2.1 案例解析——制作大鼓模型 ……41
- 3.2.2 对齐物件——调整多个物件对齐 ……41
- 3.2.3 阵列物件——规律复制物件 ……42
- 3.2.4 扭转物件——变形物件 ……44
- 3.2.5 弯曲物件——使物件弯曲 ……44
- 3.2.6 锥状化物件——使物件锥状变形 ……44
- 3.2.7 修剪或分割物件——裁切物件 ……45
- 3.2.8 沿着曲线流动——沿曲线排列物件 ……46

课堂实战 制作闹钟模型 ……47

课后练习 制作月饼模型 ……52

拓展赏析 瓷器之各种釉彩大瓶 ……53

第4章 曲线的绘制与编辑

产品造型设计

- 4.1 绘制基本曲线 56
  - ▶ 4.1.1 案例解析——绘制心形曲线 56
  - 4.1.2 绘制直线——绘制直线段 57
  - 4.1.3 绘制曲线——绘制曲线段 59
- 4.2 绘制标准曲线 63
  - ▶ 4.2.1 案例解析——绘制魔法棒造型曲线 63
  - 4.2.2 绘制圆——通过不同的方式绘制圆 64
  - 4.2.3 绘制椭圆——通过不同的方式绘制椭圆 66
  - 4.2.4 绘制圆弧——通过不同的方式绘制圆弧 68
  - 4.2.5 绘制矩形——通过不同的方式绘制矩形 69
  - 4.2.6 绘制多边形——通过不同的方式绘制多边形 71
  - 4.2.7 创建文本——创建文本物件 73
- 4.3 从物件建立曲线 74
  - ▶ 4.3.1 案例解析——复制立方体棱线 74
  - 4.3.2 投影曲线——将曲线投影至物件上 75
  - 4.3.3 复制边缘——复制物件边缘曲线 76
  - 4.3.4 抽离结构线——提取物件的结构线 76
- 4.4 编辑曲线 77
  - ▶ 4.4.1 案例解析——绘制花形曲线 77
  - 4.4.2 控制曲线上的点——编辑物件上的点 78
  - 4.4.3 延伸与连接曲线——延伸或连接曲线 80
  - 4.4.4 偏移曲线——使曲线偏移 81
  - 4.4.5 混接曲线——连接不相接的曲线 82
  - 4.4.6 重建曲线——重设曲线的点数和阶数 83
  - 4.4.7 曲线倒角——制作圆角或倒角效果 84

课堂实战 绘制手机模型二维图 85

课后练习 绘制24寸计算机显示器二维图 89

拓展赏析 青铜器之东汉铜奔马 90

第 5 章 曲面造型的绘制

产品造型设计

- 5.1 绘制基本曲面 ························ 92
  - ▶ 5.1.1 案例解析——制作陶瓷花瓶模型 ························ 92
  - 5.1.2 指定三或四个角建立曲面——通过指定角绘制曲面 ······ 93
  - 5.1.3 以平面曲线建立曲面——通过平面曲线绘制曲面 ········ 93
  - 5.1.4 矩形平面——绘制矩形平面 ························ 94
  - 5.1.5 以二、三或四个边缘曲线建立曲面
    ——通过边缘曲线绘制曲面 ························ 96
  - 5.1.6 挤出平面——通过挤出绘制曲面 ························ 96
  - 5.1.7 旋转成形——通过旋转绘制曲面 ························ 100
- 5.2 绘制复杂曲面 ························ 101
  - ▶ 5.2.1 案例解析——制作皮圈模型 ························ 101
  - 5.2.2 放样——通过定义曲面轮廓绘制曲面 ························ 103
  - 5.2.3 嵌面——补全曲面 ························ 104
  - 5.2.4 扫掠——通过横截面曲线和路径绘制曲面 ··············· 105
  - 5.2.5 在物件上产生布帘曲面——绘制布帘曲面效果 ·········· 107

课堂实战 制作移动电源模型 ························ 108
课后练习 制作简约垃圾桶模型 ························ 117
拓展赏析 青铜器之青铜神树 ························ 118

第6章 曲面造型的编辑

产品造型设计

6.1 延伸曲面 ... 120
6.2 曲面倒角 ... 120
- 6.2.1 案例解析——制作钵盂模型 ... 120
- 6.2.2 曲面圆角和不等距曲面圆角——制作曲面圆角 ... 122
- 6.2.3 曲面斜角和不等距曲面斜角——制作曲面斜角 ... 123

6.3 连接曲面 ... 125
- 6.3.1 案例解析——制作蘑菇造型音响 ... 125
- 6.3.2 混接曲面——连接不相接曲面边缘 ... 127
- 6.3.3 连接曲面——延伸并修剪连接曲面 ... 128
- 6.3.4 衔接曲面——调整曲面边缘连接曲面 ... 128
- 6.3.5 合并曲面——合并两个曲面 ... 129

6.4 曲面偏移 ... 130

6.5 曲面的其他操作 ... 131
- 6.5.1 案例解析——制作异形玻璃钢模型 ... 131
- 6.5.2 显示物件控制点——显示选中物件的控制点 ... 133
- 6.5.3 对称——镜像曲面 ... 133
- 6.5.4 更改曲面阶数——修改曲面UV阶数 ... 134
- 6.5.5 重建曲面——重建曲面阶数和点数 ... 134

6.6 曲面分析 ... 136

课堂实战 制作儿童手机模型 ... 139
课后练习 制作吹风机模型 ... 148
拓展赏析 金银器之葡萄花鸟纹银香囊 ... 149

第7章 实体的创建与编辑

产品造型设计

- 7.1 创建实体 152
  - ▶ 7.1.1 案例解析——制作书签包装盒模型 153
  - 7.1.2 创建标准实体——创建规则实体模型 154
  - 7.1.3 挤出实体——创建不规则的实体模型 162
- 7.2 编辑实体 168
  - ▶ 7.2.1 案例解析——制作简易置物架模型 168
  - 7.2.2 布尔运算——物件间的数学运算 171
  - 7.2.3 实体倒角——创建倒角效果 175
  - 7.2.4 封闭的多重曲面薄壳——创建薄壳 177
  - 7.2.5 洞——有关洞的操作 177

课堂实战 制作多士炉模型 185
课后练习 制作蓝牙音箱模型 195
拓展赏析 大国重器：徐工DE400采矿自卸汽车 196

第 8 章 网格和细分

产品造型设计

- 8.1 网格的创建与编辑 198
  - ▶ 8.1.1 案例解析——制作迷你书架模型 198
  - 8.1.2 创建网格——创建不同类型的网格物件 200
  - 8.1.3 编辑网格——调整网格效果 206
- 8.2 细分的创建与编辑 211
  - ▶ 8.2.1 案例解析——制作茶杯模型 211
  - 8.2.2 创建细分——创建不同类型的细分物件 213
  - 8.2.3 编辑细分——调整细分效果 221

课堂实战 制作筋膜枪模型 225
课后练习 制作水龙头模型 231
拓展赏析 世界重装之王：模锻液压机 232

第 9 章 软件联合之 KeyShot 渲染器

产品造型设计

- 9.1 认识KeyShot渲染器 234
- 9.2 导入Rhino文件 234
- 9.3 KeyShot的工作界面 236
- 9.4 材质库 240
  - ▶ 9.4.1 案例解析——渲染儿童手机模型 240
  - 9.4.2 赋予材质——将材质添加至模型 243
  - 9.4.3 编辑材质——调整材质效果 243
  - 9.4.4 自定义材质库——新增材质 245
- 9.5 颜色库 245
- 9.6 灯光 247
  - ▶ 9.6.1 案例解析——渲染闹钟模型 247
  - 9.6.2 认识光源——了解常用光源 249
  - 9.6.3 编辑光源材质——调整灯光效果 251
- 9.7 环境库 252
- 9.8 纹理库 253
- 9.9 渲染输出 256

课堂实战 渲染热水壶模型 259
课后练习 渲染置物架模型 264
拓展赏析 神州第一挖·700吨液压挖掘机 265

参考文献 266

产品造型设计入门

内容导读

本章将对产品造型设计的相关知识进行讲解，包括产品造型设计术语、设计流程、应用领域、常用设计软件（如 Rhino 和 KeyShot 等），以及产品造型设计在行业中的应用等。了解这些内容后，将为后面章节的深入学习奠定良好的基础。

思维导图

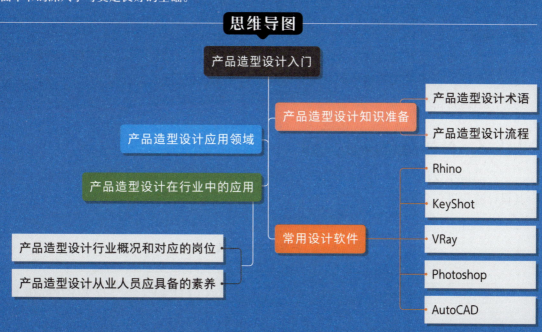

1.1 产品造型设计知识准备

产品造型设计集工程技术、人文艺术和计算机技术于一体，在产品的研发中占有极为重要的地位。本小节将对产品造型设计相关知识进行讲解。

1.1.1 产品造型设计术语

了解产品造型设计术语，可以帮助设计师更好地学习与掌握和产品造型设计相关的知识。下面将对此进行介绍。

1. 产品设计

产品设计是工业设计的核心内容，是指制订产品设计任务书并实施的一系列技术工作。产品设计阶段要全面确定整个产品的功能、外观、结构等内容，使产品满足社会发展、经济效益、制作工艺等要求，设计出的产品应便于使用，符合市场和用户需求。

2. 生态设计

生态设计是一种可持续的设计方向，是指在产品设计开发的过程中考虑环境因素，使产品在整个生产及使用周期中减少对环境的影响，从而实现一个可持续性的生产及消费系统。

3. 人体工程学

人体工程学又称人机工程学，是产品造型设计中的一个重要概念。它是一门"研究人在某种工作环境中的解剖学、生理学和心理学等方面的各种因素；研究人和机器及环境的相互作用；研究人在工作、家庭生活和休假时怎样综合考虑工作效率、身体健康、安全和舒适等问题"的学科。简单来说，人体工程学研究的就是人、机及环境之间的协调关系，而设计追求的就是以人为本，使设计产品更加适合人体使用。

4. 三视图

三视图是工程界描述物体几何形状的一种表达方式，一般是通过主视图、俯视图和左视图三个基本视图来反映物体的长宽高尺寸，结合剖面图等辅助视图，基本可以完整表达物体的结构特点。

1.1.2 产品造型设计流程

产品造型设计作为一个成熟的产业体系，具备完善的工作流程，如图1-1所示。下面对其设计流程进行介绍。

图 1-1

1. 草图构思

草图构思是产品造型设计中非常重要的一个步骤，是产品造型设计的基础。通过该步骤，可以确定产品的大致制造成本和效果，决定产品未来的发展方向。

2. 平面效果图制作

效果图可以直观完整地表达草图内容，该步骤需要将草图中的概念效果精确化，以便清晰地向客户展示产品的尺寸及材质效果。

3. 多角度效果图制作

多角度效果图可以从多个视角观察评估产品造型，减少后续开发制作的盲点。

4. 产品色彩设计

合理的色彩设计可以增添产品的光彩，使产品更具活力。在产品造型设计中，一般需要根据客户的需求调配不同的产品色彩方案。

5. 产品标志设计

标志可以增添产品的可识别性，是产品造型设计中不可或缺的一部分。

6. 产品结构草图设计

完成以上流程后，需要对产品的内部结构进行设计，包括产品装配结构及装配关系等，并对产品结构的合理性进行评估。

1.2 产品造型设计应用领域

产品造型设计广泛应用于各个领域，可以说任何产品的设计都离不开产品造型设计。在现代工业设计百年发展史中，涌现出许多诸如图1-2、图1-3所示的经典设计产品，这些设计历久弥新，在现代依然广受欢迎。

图1-2

图1-3

1.3 常用设计软件

产品造型设计是多学科、多技术交叉融合的产物,从业人员一般需要掌握多个软件以应对不同的需要。下面将对产品造型设计行业常用的设计软件进行介绍。

1.3.1 Rhino

Rhino是一款专业的3D造型软件,中文名为"犀牛"。该软件广泛应用于3D动画制作、工业设计制造、机械设计等领域。与其他3D建模软件相比,犀牛对硬件的要求低,占用内存小,且功能强大,能输出多种不同的格式,几乎适用于所有的3D软件。图1-4所示为使用Rhino制作的模型。

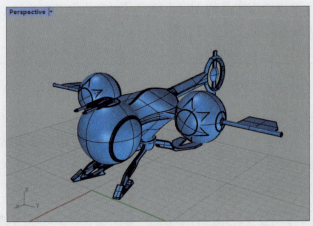

图 1-4

1.3.2 KeyShot

KeyShot是一款具有互动性的光线追踪与全域光渲染程序,支持实时的3D渲染和动画制作;同时,KeyShot能与多款软件插件集成,可以通过轻松简单的操作快速实现高质量的渲染和动画效果。图1-5所示为使用KeyShot渲染的效果图。

图 1-5

1.3.3 VRay

VRay是由Chaos Group和Asgvis公司出品的一款高质量渲染软件，与其他渲染软件相比，VRay具有更高的灵活性和易用性，在渲染三维运动模糊、焦散等效果时更加真实。VRay的渲染速度快，多用于建筑动画和效果图制作。

1.3.4 Photoshop

Photoshop软件属于Adobe公司，是一款专业的图像处理软件。该软件主要处理由像素构成的数字图像，在产品造型设计环节，用户可以用Photoshop处理产品渲染图及宣传图，使其呈现更加真实的质感，以取得良好的宣传效果。

1.3.5 AutoCAD

AutoCAD全称为Autodesk Computer Aided Design，是由Autodesk公司开发的一款计算机辅助设计软件，可用于二维制图和基本三维设计。该软件是国际上的一款主流绘图工具，功能强大，支持各种操作系统，用户可以通过简单的操作完成绘图。

1.4 产品造型设计在行业中的应用

产品造型设计影响着人们日常生活使用的各类产品。本小节将对产品造型设计的行业概况及从业人员应具备的素养进行介绍。

1.4.1 产品造型设计行业概况和对应的岗位

1. 产品造型设计行业概况

产品造型设计是以产品设计为核心开展的系统的产品形象设计。随着市场化、商业化行为的发展，产品造型设计也在不断地发展成熟。对企业来说，产品造型设计是产品生产经营过程中至关重要的一个步骤。

2. 产品造型设计对应岗位

掌握产品造型设计的理论和操作技能，可以进入工业设计、工程设计、IT产品设计与制造、工业产品制造、影视动画制作、游戏后期产品设计等企业从事产品三维造型设计、新产品开发、视觉传达设计等工作。

1.4.2 产品造型设计从业人员应具备的素养

产品造型设计从业人员应具备以下素养：
- 具备市场调研、创意、手绘、建模、渲染等全流程的执行能力；
- 能熟练使用Rhino、3ds Max、SolidWorks等软件进行产品造型设计；
- 有良好的外观艺术感和创新设计表现能力；
- 熟悉产品造型设计流程及生产工艺；

- 具备良好的手绘表现能力；
- 追求较高的设计品质，执行力强，具备责任心。

课堂实战 了解Rhino建模的相关术语

Rhino建模的相关术语包括NURBS（非均匀有理B样条）、阶数、控制点、连续性、网格等，了解这些建模术语可以帮助用户更好地理解工具选项。本小节将针对常用的建模术语进行介绍。

1. 非均匀有理B样条（NURBS）

使用NURBS建模是一种优秀的建模方式，Rhino就是以NURBS为基础的三维造型软件。与传统的网格建模方式相比，NURBS建模方式能够更好地控制物体表面的曲线度，使创建出的造型更为逼真生动。同时，使用NURBS建模还可以创建各种复杂的曲面造型，以及特殊的效果。

2. 阶数

阶数、控制点、节点和连续性是NURBS曲线中非常重要的4个参数。其中最主要的参数是阶数（度数），该参数决定了曲线的光滑程度，阶数越高，曲线越光滑，但运算量也会越大。

3. 控制点

在Rhino中，用户可以通过控制点或编辑点控制物件，控制点一般在曲线之外，其连续在Rhino中呈虚线显示。

4. 连续性

连续性是指示曲线或曲面接合是否光滑的重要参数。在Rhino中，包括G0、G1和G2三种连续性级别。其中，G0连续是指曲线或曲面之间存在角度或尖端；G1连续是指曲线或曲面之间不存在尖端但曲率有突变；G2连续是指曲线或曲面相接处切线方向一致，曲率不突变。

5. 方向指示

法线方向指曲面法线的曲率方向，垂直于着附点。选取工作区中的物件，执行"分析"|"方向"命令，即可显示物件的方向。在实际建模过程中，许多操作都与物件的方向有关。

6. 网格

在制作模型的过程中，为了更好地与其他软件衔接，一般需要将模型转换为网格模型进行保存。网格模型是使用一系列多边形表示三维物体的模型，在Rhino软件中，用户可以将NURBS曲面对象转换为网格对象，也可以直接使用网格工具创建模型。

课后练习　了解Rhino在产品造型设计中的优势

在计算机产品造型设计中，Rhino在草案阶段和定案阶段都能起到很大的作用。在最终的三维立体效果不明确的时候，可以利用Rhino创建一个草模，然后简单地渲染几个角度来观察效果，而方案一旦确定，可以利用Rhino的精确建模功能创建出比较准确的模型，然后再导入其他软件中进行精细渲染。

1. 建模方便快捷

Rhino采用的是NURBS建模方式，即类似蒙皮方式，非常容易理解。在产品造型设计的草图阶段，如果想比较几个方案的效果，需要快速地创建几个草模（不需要细节），用Rhino就比较合适。

2. 软件小巧，运行快速

和其他三维软件相比，Rhino本身的建模功能比较强大，但渲染功能比较弱，也不具有修改建模的功能。Rhino软件体积比较小，对系统的要求不高，运行速度非常快，所以深得产品造型设计师的喜爱。

3. 专业的曲面建模功能

Rhino软件在曲面建模方面提供非常专业的设计功能。很多复杂的造型，通过Rhino的曲面分析和处理功能，都可以准确地创建出来。

> 拓展赏析

知名工业设计奖项

工业设计可以促进社会的发展进步，体现一个国家的创新力。该设计领域中包括中国优秀工业设计奖、红点奖、IF设计奖等知名设计奖项，这些奖项在国内外都具有较高的知名度与影响力。

1. 中国优秀工业设计奖

中国优秀工业设计奖简称为CEID，是中国工业设计领域首个经中央批准的国家政府奖项。该奖项由工业和信息化部主办，迄今已举办五届。中国优秀工业设计奖分为金奖、银奖和铜奖三个等级，奖项分设产品设计奖和概念作品奖两个类别，其中概念作品奖占比不超过20%。申报范围包括电子信息产品、家用电器、家居用品、医疗保健用品、运动休闲用品、办公用品、儿童用品、轻便交通运输工具等多项类别。

中国优秀工业设计奖在国内具有较强的权威性和影响力，其评奖工作坚持以政府为主导，第三方机构独立运作，企业广泛参与，地方工业和信息化主管部门共同支持的工作机制；采取以展会为平台，第三方机构组织专家在参展作品中择优评选优秀作品，并通过权威媒体发布评选结果的工作方式。自2012年设立以来，中国优秀工业设计奖已颁发产品设计金奖45个，概念作品金奖4个。

2. IF 设计奖

IF设计奖由德国工业设计机构——汉诺威工业设计论坛于1953年创立，包括产品、包装、传达、室内、建筑、专业概念、服务设计、用户体验、界面设计等多项参赛项目，在世界上颇具盛名，被称为设计界的奥斯卡。IF设计奖中最具重量的奖项为IF金奖，2022年我国香港纺织服装研究院有限公司（中国香港）的服装到服装（G2G）回收系统、YI DESIGN COMPANY LIMITED（中国上海）的易砖再生陶瓷透水砖、威卡科有限公司（中国香港）的卡帕莫卡便携式咖啡机等设计摘得金奖。

3. 红点奖

红点奖是与IF设计奖齐名的工业设计大奖，在世界设计竞赛中具有极大的影响力。它由威斯特法伦北威设计中心于1955年设立，包括产品设计、传播设计、概念设计等参赛项目。红点奖中最具重量的奖项为红点至尊奖。

4. IDEA 奖

IDEA奖即为美国工业设计优秀奖，全称为International Design Excellence Awards，该竞赛由美国商业周刊主办、美国工业设计师协会担任评委，其颁奖对象主要为已经发售的产品。自1980年设立以来，IDEA奖在全球的影响逐渐加深，吸引了多家企业、设计师等参赛。IDEA奖的参赛项目包括工业产品、包装、软件、概念设计等多项内容，奖项则分为金奖和银奖。

第 2 章

Rhino软件基础操作

内容导读

本章将对Rhino的基础知识进行讲解，内容包括Rhino的工作界面，工作平面、视图等工作环境，文件属性、Rhino选项等设置，新建文件、保存文件等文件操作，以及背景图的导入与编辑等。

思维导图

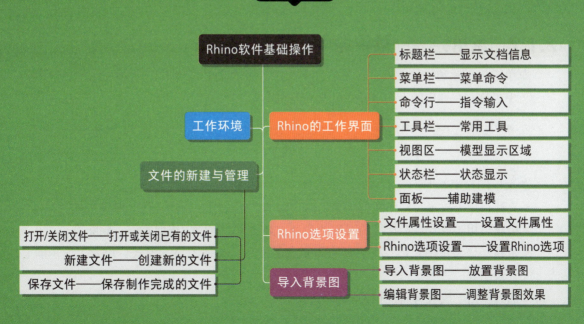

2.1 Rhino的工作界面

Rhino的工作界面包括标题栏、菜单栏、命令行、视图区等部分,如图2-1所示。下面将对各部分进行讲解。

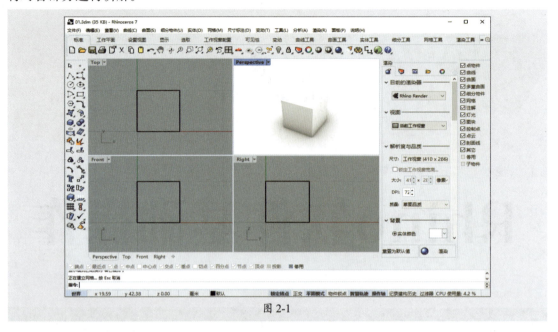

图 2-1

2.1.1 标题栏——显示文档信息

标题栏位于工作界面的顶部,主要用于显示当前模型的文件名、文件大小等信息,如图2-2所示。单击标题栏最右端的按钮,可以最小化、最大化或关闭应用程序窗口。

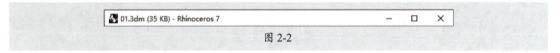

图 2-2

2.1.2 菜单栏——菜单命令

菜单栏位于标题栏的下方,包括软件中的绝大多数命令,如图2-3所示。用户可以单击某一菜单名称,在弹出的下拉菜单中选择合适的命令。

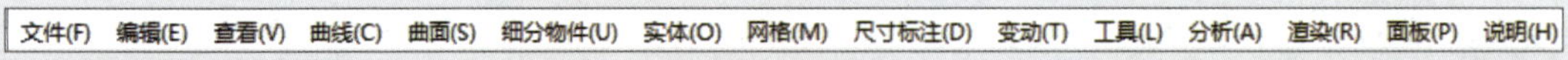

图 2-3

各菜单的作用如下。
- **文件**:用于放置与操作文件相关的命令,如新建文档、打开文件、保存文件等。
- **编辑**:用于放置编辑物件的对象的命令,如复原、重做、选取物件、删除等。
- **查看**:该菜单中包括一些方便查看对象的命令,如视图显示模式、设置工作平面、背景图等。
- **曲线**:用于放置与曲线相关的命令。

- **曲面**：用于放置与曲面相关的命令。
- **细分物件**：用于放置与细分物件相关的命令。
- **实体**：用于放置与实体相关的命令。
- **网格**：用于放置与网格相关的命令。
- **尺寸标注**：用于放置与尺寸标注相关的命令。
- **变动**：包括使物件发生改变的命令，如移动、复制、旋转、阵列等。
- **工具**：用于放置一些工具。
- **分析**：用于对制作的物件进行分析。
- **渲染**：用于放置与渲染相关的命令。
- **面板**：用于打开相应的面板。
- **说明**：放置对软件进行介绍的命令。

2.1.3 命令行——指令输入

命令行是Rhino中非常重要的部分，可以显示当前命令的执行状态、提示下一步操作、输入参数、提示命令操作失败的原因等信息，指导用户完成命令操作，如图2-4所示。用户可以直接选择命令行中的历史命令和提示信息进行剪切、复制、粘贴等操作。

图 2-4

2.1.4 工具栏——常用工具

Rhino几乎所有的操作功能都显示在工具栏中，用户只需单击按钮即可执行相应的功能。打开Rhino软件后，将默认显示标准工具栏组，如图2-5所示。默认工具栏布局中，大多数未打开的工具栏组都链接其中的按钮。停靠在屏幕左侧的工具栏是链接到"标准"工具栏组的侧边栏。选择其他工具栏组，相应的级联按钮也将发生改变。

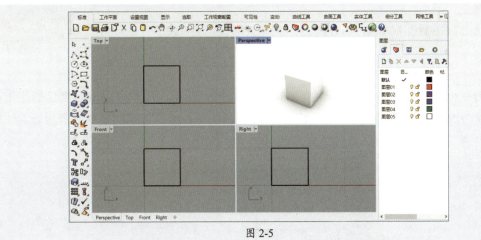

图 2-5

1. 工具栏提示

在Rhino中，移动光标至工具栏中的工具按钮上时，将显示该按钮对应的提示信息。图2-6所示为"炸开"工具按钮所对应的工具提示，当单击鼠标左键时将炸开物件，当单击鼠标右键时将抽离曲面。

图 2-6

> **操作提示**
> Rhino中的部分工具，单击左键和右键的功能完全不同，在使用时要根据提示选择合适的方法。

2. 浮动工具栏

若工具栏没有锁定，移动光标至工具栏左上方边缘处，待光标变为形状时按住鼠标左键拖动，即可使工具栏浮动显示，如图2-7所示。若想改变浮动工具栏组的大小，可以移动光标至浮动工具栏组边框处并进行拖曳，如图2-8所示。

图 2-7

图 2-8

> **操作提示**
> 移动光标至工具栏空白处，右击鼠标或单击工具栏组右侧的"选项"按钮，在弹出的快捷菜单中选择"锁定停靠的视窗"命令将锁定工具栏，锁定后的工具栏将无法移动，也无法浮动显示。再次执行该命令，将取消锁定工具栏。

用户也可以移动光标至工具栏组的名称上，按住鼠标左键拖曳，使其浮动显示。若想停靠工具栏组，将其拖动至Rhino视图区的边缘，待变为透明蓝色时释放鼠标即可。

> **操作提示**
> 在拖动工具栏时按住Ctrl键，可以避免工具栏在靠近视口边缘时停靠。

3. 中键

单击鼠标中键，将弹出Rhino快捷工具栏，如图2-9所示。用户可以按照自己的使用习惯，按住Ctrl键将工具栏中的工具添加至快捷工具栏中，以提高建模的效率。若想删除快捷工具栏中的工具，可以按住Shift键将工具拖曳至空白位置。

图 2-9

2.1.5 视图区——模型显示区域

Rhino的主要工作区域就是视图区。默认情况下，视图区呈4格分布，分别是Top视图、Front视图、Right视图和Perspective视图，如图2-10所示。用户可以根据需要调整视图区域的大小。双击视图名称，将最大化显示该视图，隐藏其他视图，如图2-11所示。

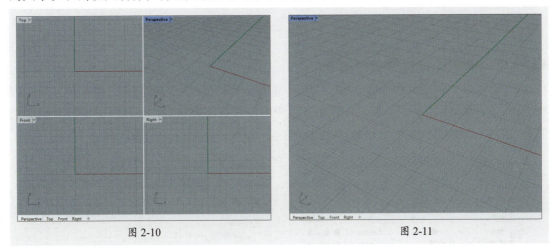

图 2-10　　　　　　　　　　　　　　图 2-11

2.1.6 状态栏——状态显示

状态栏位于工作界面的最底端，在该区域中会显示当前光标的位置、图层信息以及状态面板等，如图2-12所示。

图 2-12

该区域中部分选项的作用如下。

- **锁定格点：** 选中该选项后将锁定格点，即光标只能在网格格点上移动。用户可以在"文件属性"对话框中设置格点间距。
- **正交：** 选中该选项后将开启正交模式，即光标只能在指定角度上移动，一般为90°的倍数。
- **平面模式：** 选择该选项后，将开启平面模式，即光标只能在上一个指定点所在的平面上移动，便于创建平面。
- **物件锁点：** 选择该选项后，将开启物件锁点模式，用户可以在"物件锁点"面板中设置要捕捉的点，如图2-13所示。
- **智慧轨迹：** 选择该选项后，可以智能捕捉端点，以方便线条的绘制。
- **操作轴：** 选择该选项后，将显示操作轴。使用操作轴可以方便用户移动或缩放物件。
- **记录建构历史：** 选择该选项后，可以记录命令的建构历史。要注意的是，并不是所有命令都支持该选项。
- **过滤器：** 选择该选项后，将打开"选取过滤器"面板，如图2-14所示。用户可以根据需要设置要过滤的物件。

图 2-13　　　　　　　　　　图 2-14

2.1.7　面板——辅助建模

Rhino软件中包括许多面板，如"图层"面板、"属性"面板、"渲染"面板等，通过这些面板，可以方便建模，提高工作效率。用户可以根据需要通过"面板"菜单打开相应的面板。图2-15、图2-16所示分别为打开的"图层"面板和"属性"面板。

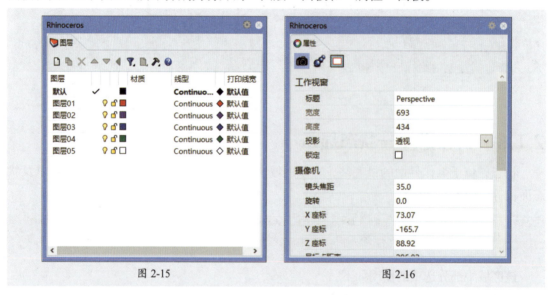

图 2-15　　　　　　　　　　图 2-16

"图层"面板是一个非常重要的面板，通过该面板，用户可以对模型进行分层，以便更清晰直观地整理物件。

2.2　工作环境

使用Rhino时，用户可以根据个人习惯设置软件的工作环境，下面将对此进行介绍。

1. 工作平面

工作平面是Rhino中非常重要的概念。在Rhino中，物件的绘制是基于工作平面的。用户可以选择工具栏中的"工作平面"工具组，在其相应的级联按钮中对工作平面进行设置，如图2-17所示。

图 2-17

该工具组中部分选项的作用如下。

- ![icon]（**设置工作平面原点**）：单击该按钮后，移动鼠标指针至视图中的合适位置单击，即可重新设置工作平面原点。
- ![icon]（**设置工作平面至物体**）：单击该按钮后，可以根据命令行中的指令选择物体定位工作平面。
- ![icon]（**设置工作平面至曲面**）：单击该按钮后，可以根据命令行中的指令选择曲面定位工作平面。
- ![icon]（**设置工作平面与曲线垂直**）：单击该按钮后，可以根据命令行中的指令选取曲线垂直定位工作平面。
- ![icon]（**旋转工作平面**）：单击该按钮后，可以根据命令行中的指令旋转工作平面。

2. 设置视图

打开Rhino软件后，默认显示Top、Front、Right和Perspective 4格视图。用户可以选择工具栏中的"设置视图"工具组，在其相应的级联按钮中对视图进行设置，如图2-18所示。

图 2-18

该工具组中部分选项的作用如下。

- **平移视图**：单击该按钮，鼠标指针变为![icon]状，然后在视图中按住鼠标左键拖曳即可平移视图。在按住Shift键的同时按住鼠标右键在视图中拖曳也可以平移视图。
- **旋转视图/旋转摄像机**：单击该按钮，在视图中按住鼠标左键拖曳时即可旋转视图；右击该按钮，在视图中按住鼠标左键拖曳即可旋转摄像机。

> **操作提示**
> 在Perspective视图中，按住鼠标右键直接拖曳，可旋转视图。

- **动态缩放**：单击该按钮，在视图中拖曳鼠标可以放大或缩小视图。也可以按住Ctrl键的同时按鼠标右键，在视图中拖曳缩放视图。
- ![icon]：单击该按钮，将切换当前视图为Top视图。
- ![icon]：单击该按钮，将切换当前视图为Bottom视图。
- ![icon]：单击该按钮，将切换当前视图为Front视图。
- ![icon]：单击该按钮，将切换当前视图为Right视图。
- ![icon]：单击该按钮，将切换当前视图为Back视图。
- ![icon]：单击该按钮，将切换当前视图为Perspective视图。

> **操作提示**
> 在视图区中单击视图名称右侧的![icon]按钮，在弹出的下拉菜单中选择命令，也可以对视图的相关属性进行设置。

3. 显示设置

Rhino中的物体默认为显示线框模式。用户可以选择工具栏中的"显示"工具组，在其相应的级联按钮中对显示方式进行设置，如图2-19所示。

图 2-19

图2-20和图2-21所示分别为"半透明模式"和"钢笔模式"的效果。

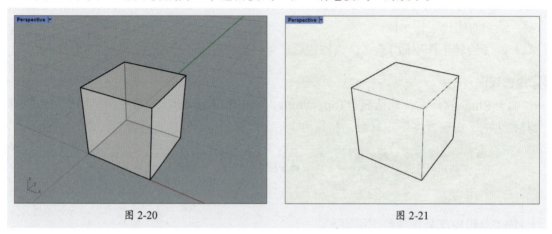

除了显示模式的设置，"显示"工具组中部分按钮的作用如下。

- （切换细分显示）：单击该按钮，可以将视图中的细分物件切换为平坦或平滑显示。用户也可以按键盘上的Tab键快速切换。

操作提示

"切换细分显示"按钮仅对细分物件有效。

- （设置物件的显示属性）：单击该按钮，可以根据命令行中的指令选择物件并单独设置其显示模式。
- （新增截平面）：单击该按钮，可以在视图中添加截平面，以观察物件的截面效果。
- （停用截平面/启用截平面）：单击该按钮，可以停用截平面；右击该按钮，可以启用截平面。

2.3　Rhino选项设置

在"Rhino选项"对话框中可以设置Rhino软件的文件属性、Rhino选项等。执行"工具"|"选项"命令，即可打开"Rhino选项"对话框，如图2-22所示。本小节将对此进行介绍。

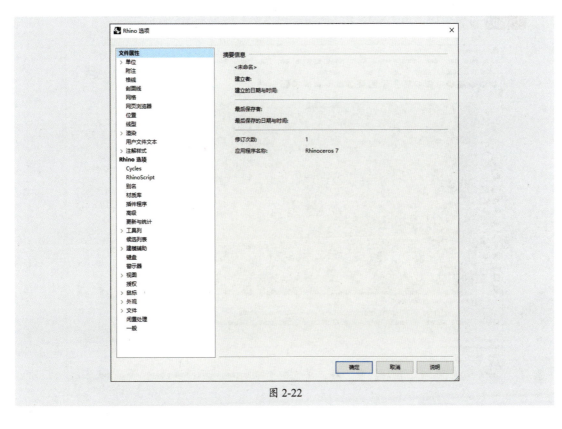

图 2-22

2.3.1 案例解析——自定义格线

在学习Rhino选项设置之前，先通过一个简单的操作了解Rhino软件的环境。自定义格线的具体操作过程如下。

步骤01 打开Rhino软件，执行"工具"|"选项"命令，打开"Rhino选项"对话框，切换到"格线"选项卡，如图2-23所示。

步骤02 在"格线"选项卡中设置"格线属性"参数，如图2-24所示。

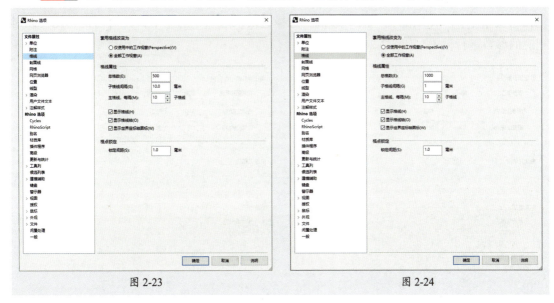

图 2-23　　　　　　　　　　　图 2-24

步骤 03 设置完成后单击"确定"按钮应用设置，效果如图2-25所示。

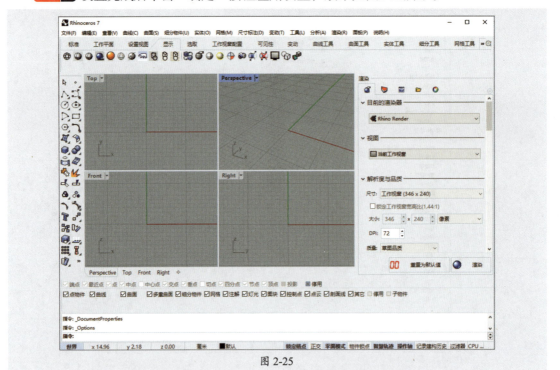

图 2-25

2.3.2 文件属性设置——设置文件属性

打开"Rhino选项"对话框，可以看到其左侧的选项分为"文件属性"和"Rhino选项"两大类，其中"文件属性"类中包括单位、附注、格线等选项。本小节将对一些常用的文件属性设置进行介绍。

1. 单位

单位是建模中非常重要的参数。选择"Rhino选项"对话框中的"单位"选项卡，其中包括"模型"和"图纸配置"两个选项。选择这两个选项中的一个，在对话框右侧可以对相应的参数进行设置，如图2-26、图2-27所示。

图 2-26

图 2-27

"单位"选项卡对应的部分参数作用如下。

- **模型单位/图纸配置单位**：用于设置单位，包括毫米、厘米、米等，如图2-28所示。默认选择"毫米"为单位。
- **绝对公差**：用于设置误差允许限度，公差越小，建模精度越高。一般保持默认值0.001单位即可。
- **角度公差**：用于设置角度误差允许限度。

图 2-28

2. 格线

格线的主要作用是辅助建模，帮助用户更好地理解物件比例。选择"格线"选项卡，在对话框右侧可以对其参数进行设置，如图2-29所示。

该选项卡中部分参数的作用如下。

- **总格数**：用于设置视图中的格数，最高为100000。
- **子格线间隔**：用于设置子格线之间的距离。
- **主格线，每隔**：用于设置主格线之间子格线的数量。图2-30、图2-31所示分别为设置为5和10的效果。

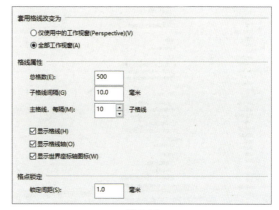

图 2-29

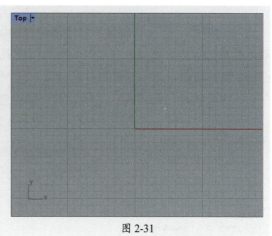

图 2-30　　　　　　　　　　图 2-31

- **锁定间距**：用于设置格点锁定的间距。

3. 网格

"网格"选项卡中的参数主要用于设置渲染网格的品质，如图2-32所示。系统默认设置为"平滑、较慢"，用户可以根据需要选择"粗糙、较快"或"自定义"选项。

图 2-32

2.3.3　Rhino选项设置——设置Rhino选项

"Rhino选项"对话框中包括工具列、建模辅助等选项卡，可以对Rhino的外观、自动保存、插件程序等进行设置，如图2-33所示。

1. 建模辅助

选择"Rhino选项"对话框中的"建模辅助"选项卡，在右侧可以设置格点锁定、物件锁点、工作平面等选项，如图2-34所示。

图 2-33

图 2-34

用户也可以展开该选项卡，选择"推移设置""智慧轨迹与参考线""光标工具提示"和"操作轴"四个选项，并对其参数进行设置。"建模辅助"中各选项卡的作用如下。

- **推移设置**：用于设置物件的移动方向、快捷键以及推移步距，如图2-35所示。
- **智慧轨迹与参考线**：用于设置智慧轨迹与参考线，包括智慧点的延迟时间、智慧点的最大数目、参考线的颜色等，如图2-36所示。

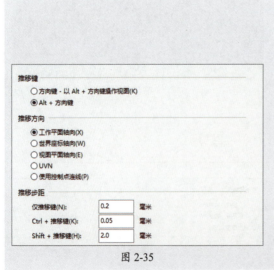

图 2-35

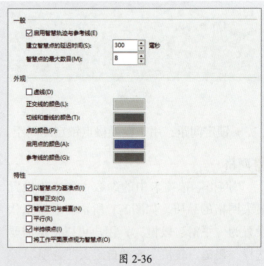

图 2-36

- **光标工具提示**：用于设置光标工具提示信息，如图2-37所示。
- **操作轴**：用于对操作轴的相关参数进行设置，包括轴线的颜色、大小等，如图2-38所示。

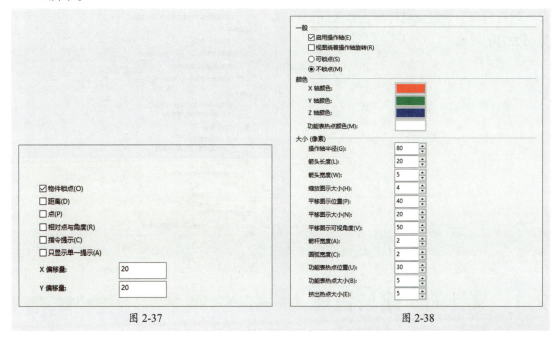

图 2-37　　　　　　　　　　　　　　　图 2-38

2. 外观

在"外观"选项卡中可以对软件的外观进行设置，包括显示内容、工作视窗颜色、物件显示颜色等，如图2-39、图2-40所示。用户可以根据个人习惯进行更改。

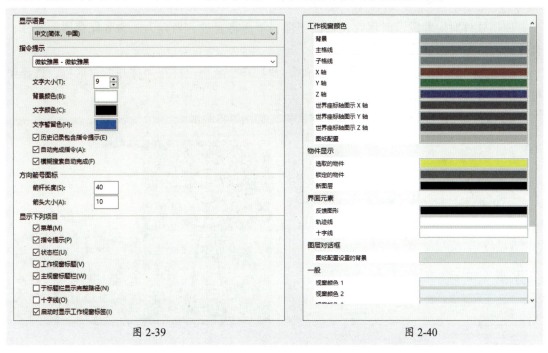

图 2-39　　　　　　　　　　　　　　　图 2-40

3. 文件

在"文件"选项卡中可以设置文件自动保存、文件锁定等选项，如图2-41所示。"自动保存"设置可以有效避免软件非正常关闭时出现数据丢失的现象。

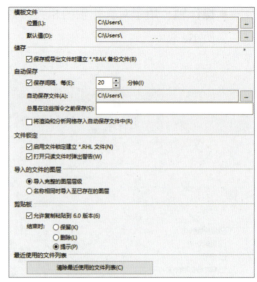

图 2-41

2.4 文件的新建与管理

新建文件是使用Rhino创建模型的第一步。本小节将对文件的新建、打开、保存等操作进行介绍。

2.4.1 案例解析——保存模型

使用软件时应养成及时保存文件的习惯，下面将通过"另存为"命令保存模型文件，具体的操作过程如下。

步骤01 打开Rhino软件，执行"文件"|"打开"命令，打开"打开"对话框，选择要打开的素材文件，如图2-42所示。

步骤02 单击"打开"按钮打开素材文件，如图2-43所示。

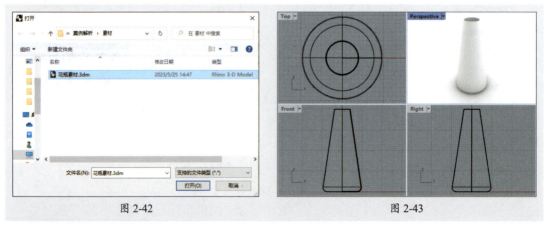

图 2-42　　　　　　　　　　图 2-43

步骤03 执行"文件"|"另存为"命令，打开"储存"对话框并设置参数，如图2-44所示。

步骤 04 设置完成后单击"保存"按钮即可将文件保存在设置的目录下，如图2-45所示。

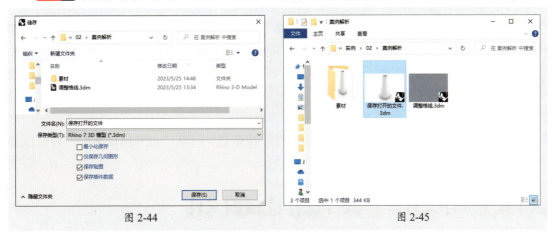

图 2-44　　　　　　　　　　　　　图 2-45

2.4.2　打开/关闭文件——打开或关闭已有的文件

用户可以选择多种方式打开Rhino模型文件，以便对其进行修改。下面将对打开和关闭文件的方法进行介绍。

1. 打开文件

在Rhino软件中，常用的打开模型文件的方式有以下4种。
- 执行"文件"|"打开"命令，在弹出的"打开"对话框中选择要打开的文件，单击"打开"按钮即可。
- 按Ctrl+O组合键，打开"打开"对话框，选择要打开的文件。
- 单击"标准"工具栏组中的"打开文件/导入"按钮 📂，打开"打开"对话框，选择要打开的文件。
- 直接双击文件夹中的模型文件。

2. 关闭文件

常用的关闭模型文件的方法有两种："结束"命令和直接关闭。用户可以根据需要，执行"文件"|"结束"命令或直接单击软件工作界面右上角的"关闭"按钮 ✕ 关闭软件。

> **操作提示**
>
> 若关闭文件之前没有保存文件，在关闭文件时将弹出提示对话框，如图2-46所示。单击"是"按钮将打开"储存"对话框，用户可以在该对话框中设置储存位置、文件名称、保存类型等参数，如图2-47所示。

图 2-46　　　　　　　　　　　　　图 2-47

2.4.3 新建文件——创建新的文件

除了可以打开已有的模型文件外，用户还可以新建文件，制作全新的模型。在Rhino软件中，用户可以使用以下3种常见的方式新建文件。

- 执行"文件"|"新建"命令，打开"打开模板文件"对话框，从中选择合适的选项，单击"打开"按钮即可。
- 按Ctrl+N组合键，打开"打开模板文件"对话框进行设置。
- 单击"标准"工具栏组中的"新建文件"按钮 ，打开"打开模板文件"对话框进行设置。

2.4.4 保存文件——保存制作完成的文件

制作完成的模型文件，需要及时保存，以避免软件意外关闭导致数据缺失等问题。在Rhino软件中，用户可以通过执行"保存"命令保存模型文件。执行"文件"|"保存文件"命令，打开"储存"对话框。在该对话框中设置文件的存储路径、文件名、保存类型等，如图2-48所示，完成后单击"保存"按钮即可。

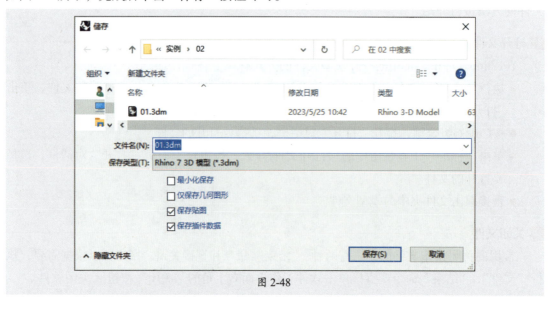

图 2-48

用户也可以按Ctrl+S组合键或单击"标准"工具栏组中的"储存文件/导出选取的物件"按钮 ，打开"储存"对话框保存文件。当需要另外保存打开的文件时，执行"文件"|"另存为"命令，打开"储存"对话框进行相应的设置即可。

> **操作提示**
>
> 保存文件时，若当前文件已命名，系统将直接用当前文件名进行保存，不需要进行其他操作；若当前文件未命名，将弹出"储存"对话框，设置后保存即可。

2.5 导入背景图

在使用Rhino软件制作模型时,可以导入背景图片来更好地把握模型的结构,以制作出更加合理且完善的模型。本小节将对背景图的导入进行介绍。

2.5.1 导入背景图——放置背景图

在导入背景图时,需要将其导入合适的视图中,如在Top视图中导入俯视图,在Front视图中导入主视图。

选择Front视图,执行"查看"|"背景图"|"放置"命令,打开"打开位图"对话框,选择要打开的位图文件,如图2-49所示。单击"打开"按钮,在视图中设置第一角的位置,然后再设置第二角或长度将其导入,如图2-50所示。

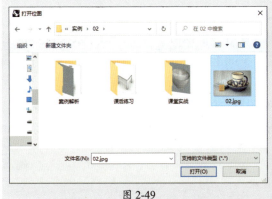
图 2-49

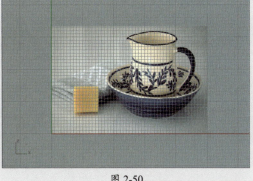
图 2-50

用户也可以单击视图名称右侧的下拉按钮,在弹出的下拉菜单中选择"背景图"|"放置"命令完成导入,如图2-51所示。

图 2-51

2.5.2 编辑背景图——调整背景图效果

导入背景图后,还可以对其进行调整大小、对齐、移动、隐藏等操作,如图2-52所示,以得到需要的效果。部分常用命令的作用如下。

- **移除**:移除当前工作视图中的背景图。
- **抽离**:用于单独保存当前工作视图中的背景图。单击视图名称右侧的下拉按钮▼,在弹出的下拉菜单中执行"背景图"|"抽离"命令,打开"保存图片"对话框,选择合适的位置、名称、类型等,然后单击"保存"按钮即可保存背景图。
- **隐藏/显示**:"隐藏"命令和"显示"命令是相对的。执行"隐藏"命令将隐藏当前工作视图中的背景图,执行"显示"命令将显示当前工作视图中的背景图。
- **移动**:执行"移动"命令可以移动背景图,以便将其放置于合适的位置。
- **对齐**:用于调整背景图像对齐。执行该命令后,根据命令行中的指令依次设置位图上的基准点、位图上的参考点,以及工作平面上的基准点、工作平面上的参考点,即可调整对齐。
- **缩放**:用于调整背景图的大小,帮助用户设置合适的大小,以方便后期模型的制作。
- **灰阶**:执行"灰阶"命令,将使背景图呈灰阶显示;再次执行该命令,将移除灰阶效果,使背景图按原色显示。

图 2-52

课堂实战 制作米饭碗模型

学习了前面的知识后,接下来练习制作模型,以达到温习巩固的目的。具体操作过程如下。

步骤 01 打开Rhino软件,选择Front视图。执行"查看"|"背景图"|"放置"命令,打开"打开位图"对话框,选择要打开的位图文件,如图2-53所示。单击"打开"按钮,在命令行中输入0,设置第一角的位置位于坐标原点,按Enter键确认;输入127设置长度,按Enter键确认,导入背景图的效果如图2-54所示。

图 2-53

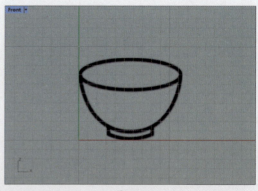

图 2-54

步骤02 在命令行中输入InterpCru，按Enter键确认。在Front视图中单击设置曲线起点，继续单击绘制曲线，如图2-55所示。

步骤03 在命令行中输入offset，按Enter键确认；单击命令行中的"距离"选项，输入2，按Enter键确认；在Front视图中单击确定偏移曲线，如图2-56所示。

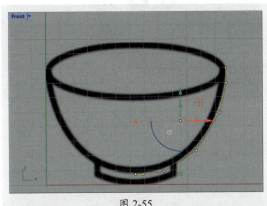
图 2-55

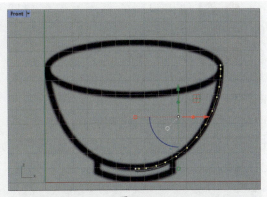
图 2-56

步骤04 调整偏移曲线顶部端点，使其与原曲线对齐。在命令行中输入Polyline，按Enter键确认；在Front视图中单击创建多重直线，重复操作，效果如图2-57所示。

步骤05 选中绘制的曲线与多重直线，在命令行中输入Trim，按Enter键确认；在多余处单击修剪，按Enter键完成操作，效果如图2-58所示。

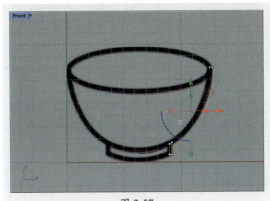
图 2-57

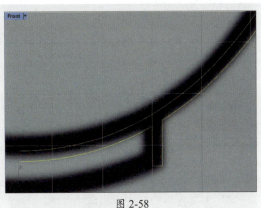
图 2-58

步骤06 选中所有线条，在命令行中输入Join，按Enter键完成操作，将线条组合为一条开放的曲线，效果如图2-59所示。

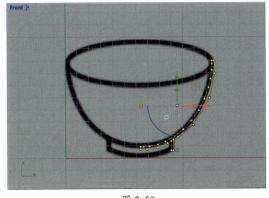
图 2-59

步骤07 在命令行中输入Fillet，按Enter键确认；单击"半径"选项输入1，按Enter键确认；在拐角处的两条线段上单击创建圆角，如图2-60所示。

步骤08 使用相同的方法继续创建圆角，效果如图2-61所示。

步骤09 执行"查看"|"背景图"|"隐藏"命令隐藏背景图。在命令行中输入Revolve命令，按Enter键确认；在Front视图中单击创建旋转轴的起点和终点；保持默认设置，按Enter键两次，旋转成形创建实体，如图2-62所示。

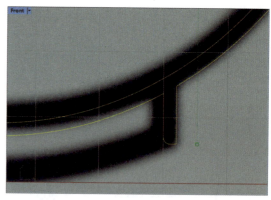

图 2-60

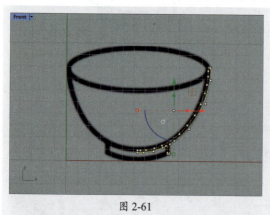

图 2-61

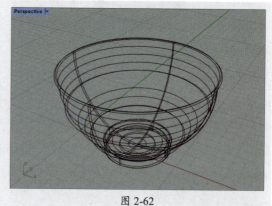

图 2-62

步骤10 在Perspective视图中单击视图名称右侧的按钮，在弹出的下拉菜单中执行"着色模式"命令，设置显示模式，效果如图2-63所示。

步骤11 执行"文件"|"保存文件"命令，打开"储存"对话框，设置文件的存储路径、文件名、保存类型，如图2-64所示。单击"保存"按钮保存文件。

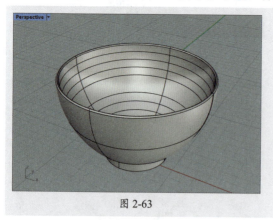

图 2-63

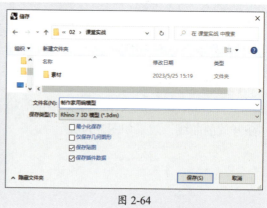

图 2-64

至此完成碗模型的制作。

课后练习 制作换鞋凳模型

下面将利用本章学习的知识制作换鞋凳模型，效果如图2-65、图2-66所示。

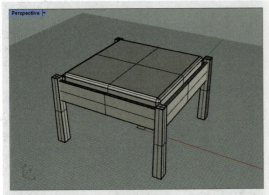
图 2-65

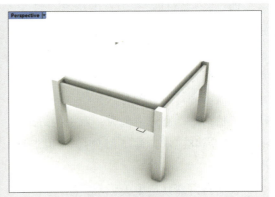
图 2-66

1. 技术要点

- 新建文件后调整Rhino选项。
- 通过工具栏中的工具和命令行制作换鞋凳模型的各组件。
- 保存文件。

2. 分步演示

演示步骤如图2-67所示。

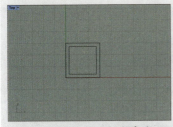
（a）绘制矩形，调整高度

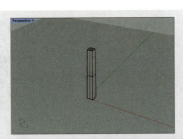
（b）放样得到凳腿

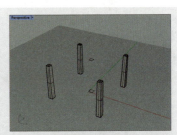
（c）阵列凳腿

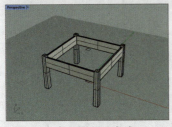
（d）绘制侧面支撑

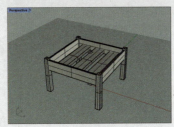
（e）绘制底面支撑

（f）绘制顶面支撑

图 2-67

拓展赏析

工艺美术品之西汉长信宫灯

西汉长信宫灯被誉为"中华第一灯",是中国工艺美术作品中的巅峰之作,现藏于河北博物院。长信宫灯于1968年在中山靖王刘胜妻窦绾墓出土,是西汉时期的一件铜鎏金青铜器,因灯身上刻有"长信"的铭文而得名长信宫灯。宫灯造型为一双手执灯跪坐的宫女,高48厘米,重15.85公斤,如图2-68所示。

长信宫灯兼具造型美感与实用价值,其设计非常巧妙。宫灯由头部、身躯、右臂、灯座、灯盘和灯罩六部分分铸组装而成,宫女铜像的体内中空,中空的右臂与衣袖形成铜灯灯罩,可以自由开合以控制灯光强弱与角度,如图2-69所示;同时燃烧产生的烟雾可以通过宫女的右臂沉淀于宫女体内,不会大量飘散到周围环境中。

图 2-68

图 2-69

第 3 章

物件的编辑操作

内容导读

本章将对与物件编辑相关的操作进行讲解，包括选择物件、移动物件、旋转物件、缩放物件、倾斜物件、群组物件等基础操作，以及对齐物件、阵列物件、扭转物件、修剪物件、沿着曲线流动等进阶操作。

思维导图

物件的编辑操作

物件的基础操作
- 选择物件——选取物件
- 移动物件——更改物件的位置
- 复制物件——快速制作相同的物件
- 旋转物件——更改物件的角度
- 缩放物件——更改物件的大小
- 倾斜物件——使物件倾斜
- 镜像物件——对称物件
- 群组物件——编组物件

物件的进阶操作
- 对齐物件——调整多个物件对齐
- 阵列物件——规律复制物件
- 扭转物件——变形物件
- 弯曲物件——使物件弯曲
- 锥状化物件——使物件锥状变形
- 修剪或分割物件——裁切物件
- 沿着曲线流动——沿曲线排列物件

3.1 物件的基础操作

Rhino提供了很多针对物件的操作，这些操作可以帮助用户更便捷地制作模型。下面将对此进行讲解。

3.1.1 案例解析——制作耳机模型

在学习物件的基础操作之前，先通过一个案例来体验基本的操作方法。本例通过"镜像"工具 完成耳机模型的创建。

步骤01 打开本章素材文件，如图3-1所示。

步骤02 切换至Front视图，单击模型，移动鼠标指针至红色操作轴箭头处，按住鼠标左键向左拖动模型位置，如图3-2所示。

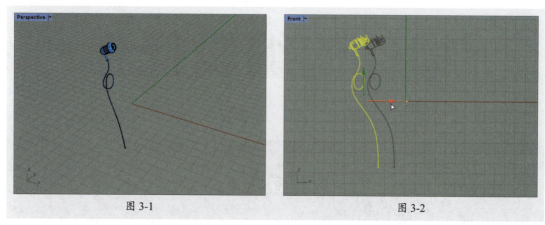

图3-1　　　　　　　　　　　　　　图3-2

步骤03 单击"变动"工具栏组中的"镜像"工具 ，在命令行中单击Y轴镜像耳机模型，如图3-3所示。

步骤04 切换至Perspective视图观看透视效果，如图3-4所示。

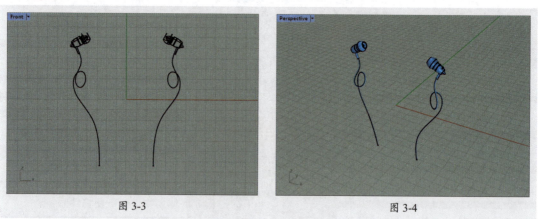

图3-3　　　　　　　　　　　　　　图3-4

至此完成耳机模型的制作。

3.1.2 选择物件——选取物件

在Rhino中,用户可以选择单个物件,也可以选择多个物件,还可以对某一类物件进行选取。

1. 点选

若想选择单个物件,可以直接将鼠标指针移至该物件上单击,如图3-5所示。若想选取多个物件,可以按住Shift键单击要选取的物件,如图3-6所示。

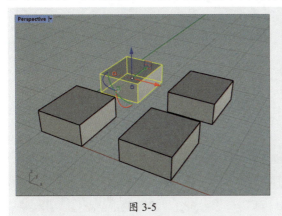

图 3-5

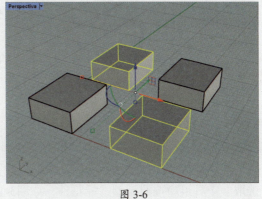

图 3-6

操作提示

按住Ctrl键单击物件,可以将其从选取的物件中去除。

2. 框选

框选可以更便捷地选择多个物件。在Rhino中,框选分为从左至右框选和从右至左框选两种方式。从左至右框选只会选中全部在选框内的物件,如图3-7、图3-8所示。

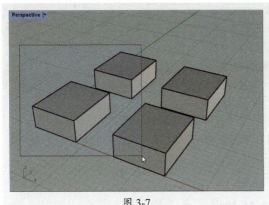

图 3-7

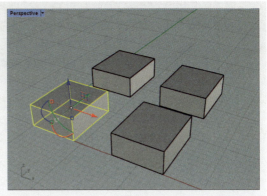

图 3-8

从右至左框选则会选中与选框接触及框内的所有物件,如图3-9、图3-10所示。用户在选取物件时,可以根据需要选择合适的框选方式。

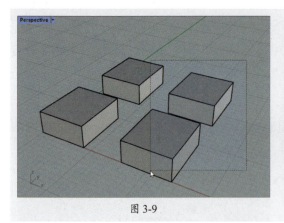

图 3-9

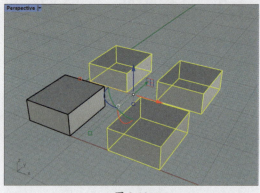

图 3-10

3. 类型选取

除了以上两种直接选择物件的方式外，用户还可以根据物件类型进行选择。单击"标准"工具栏组中的"全部选取"按钮右下角的"弹出选取"按钮，或直接打开"选取"工具栏组，在弹出的"选取"工具组中按照类型选择物件，如图3-11所示。

图 3-11

操作提示

在制作模型时，为了避免误操作或保持画面整洁，可以将不需要编辑的物件隐藏或锁定，这些操作一般可以在"可见性"工具组中实现。单击"标准"工具栏组中的"隐藏物件/显示物件"工具右下角的"弹出可见性"按钮，即可打开"可见性"工具组，如图3-12所示。

该工具组中比较常用的工具的作用如下。

图 3-12

- **隐藏物件/显示物件**：单击该工具，将隐藏选中的物件；右击该工具，将显示隐藏的物件。
- **锁定物件/解除锁定物件**：单击该工具，将锁定选中的物件；右击该工具，将取消物件的锁定。
- **显示选取的物件**：单击该工具，将显示隐藏的物件，用户可以选择要显示的物件进行显示。
- **对调隐藏与显示的物件**：单击该工具，将对调显示的物件与隐藏的物件，即显示隐藏的物件，隐藏显示的物件。
- **解除锁定选取的物件**：单击该工具，即可选取锁定物件中需要解除锁定的物件进行解除锁定。
- **对调锁定与未锁定的物件**：单击该工具，将对调锁定物件与未锁定的物件，即锁定未锁定的物件，解锁锁定的物件。

3.1.3 移动物件——更改物件的位置

选择物件后，按住鼠标左键进行拖动即可移动其位置。若想精确地移动物件，可以通过"移动"工具来实现。

选择要移动的物件，执行"变动"|"移动"命令，单击"变动"工具栏组中的"移动"工具，或单击侧边工具栏中的"移动"工具，选择移动的起点，然后设置移动的

终点即可，如图3-13、图3-14所示。

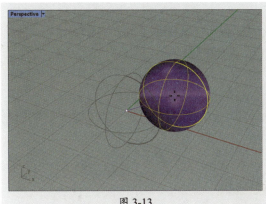
图3-13

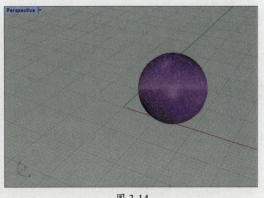
图3-14

用户也可以在选择"移动"工具后，在命令行中设置精确的移动参数。

操作提示
　　打开状态栏中的"操作轴"模式，在选中物件后将自动显示其操作轴，在箭头上单击后输入数值即可精确地移动物件。

3.1.4　复制物件——快速制作相同的物件

复制物件可以快速得到相同的物件，减少重复操作的时间，提高工作效率。常见的复制物件的方法有3种，下面将对此进行介绍。

1. 执行"复制"命令

选择要复制的物件，执行"变动"|"复制"命令，设置复制的起点，然后设置复制的终点，按Enter键即可，如图3-15、图3-16所示。

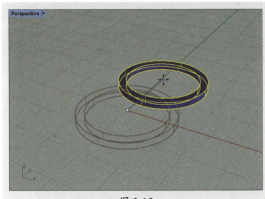
图3-15

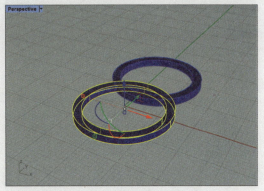
图3-16

2. "复制"按钮

单击"变动"工具栏组或侧边工具栏中的"复制"工具，选择要复制的物件，按Enter键或单击鼠标右键确认，设置复制的起点，然后设置复制的终点，按Enter键终止即可。

操作提示

选择要复制的物件后单击"复制"按钮，在命令行中单击"原地复制"选项，将原地复制选中的物件。用户也可以选中要复制的物件后右击"复制"按钮，原地复制物件。

3. 快捷键

选中要复制的物件后，按Ctrl+C组合键复制，按Ctrl+V组合键粘贴，即可原地复制该物件；也可以选中物件后按住Alt键拖曳复制。

3.1.5 旋转物件——更改物件的角度

Rhino中的旋转分为2D旋转和3D旋转两种，2D旋转是指平面中的旋转，3D旋转则是指空间中的旋转。本小节将针对这两种不同的旋转方式进行介绍。

1. 2D旋转

2D旋转比较简单。单击"变动"工具栏组或侧边工具栏中的"2D旋转/3D旋转"工具，在视图中选择要旋转的物件，右击确定，然后根据命令行中的指令，依次设置旋转中心点、角度或第一参考点、第二参考点，即可完成旋转，如图3-17、图3-18所示。

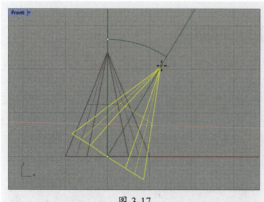
图 3-17

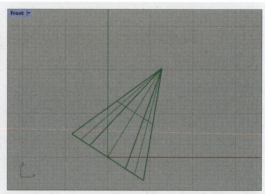
图 3-18

操作提示

用户也可以通过操作轴旋转物件，如图3-19、图3-20所示。

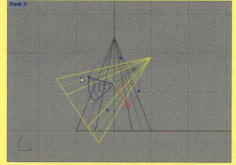
图 3-19

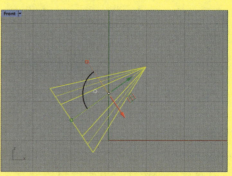
图 3-20

2. 3D 旋转

3D旋转较为复杂，在进行3D旋转时，需要先设置旋转轴。

右击"变动"工具栏组或侧边工具栏中的"2D旋转/3D旋转"工具，在视图中选择要旋转的物件，右击确定；设置旋转轴的起点与终点，然后根据命令行中的指令，依次设置角度或第一参考点、第二参考点，即可完成旋转，如图3-21、图3-22所示。

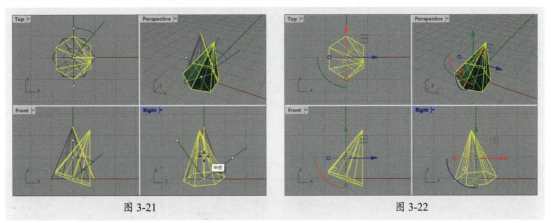

图 3-21　　　　　　　　　　图 3-22

3.1.6　缩放物件——更改物件的大小

缩放是指按照一定比例在一定方向上放大或缩小物件。Rhino中的缩放包括单轴缩放、二轴缩放、三轴缩放、不等比缩放和在定义的平面上缩放5种。下面将针对其中3种比较常见的缩放进行介绍。

1. 单轴缩放

单轴缩放是指在工作平面中沿单一方向进行缩放。单击"变动"工具栏组或侧边工具栏中"三轴缩放/二轴缩放"工具右下角的"弹出缩放"按钮，在弹出的"缩放"工具组中选择"单轴缩放"工具，在视图中选择要缩放的物件，右击确定，再根据命令行中的指令依次设置基准点、缩放比或第一参考点、第二参考点等，即可完成缩放，如图3-23、图3-24所示。

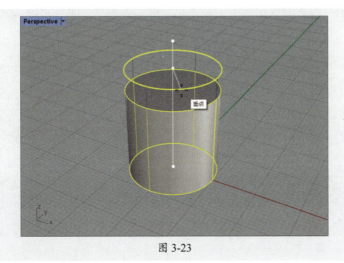

图 3-23

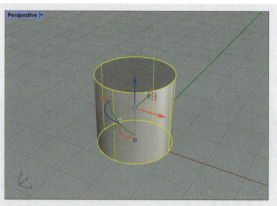

图 3-24

> **操作提示**
>
> 在缩放物件时,可以利用操作轴快速地缩放物件,如图3-25、图3-26所示。
>
> 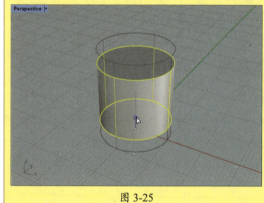　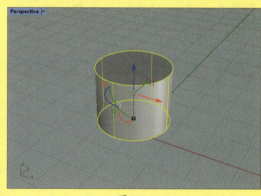
>
> 图 3-25　　　　　　　　　　　　图 3-26

2. 二轴缩放

二轴缩放物件时,物件只会在工作平面上缩放,而不会整体缩放。右击"变动"工具栏组或侧边工具栏中"三轴缩放/二轴缩放"工具,选择要缩放的物件,右击确定,根据命令行中的指令依次设置缩放比或第一参考点、第二参考点,即可完成二轴缩放,如图3-27、图3-28所示。

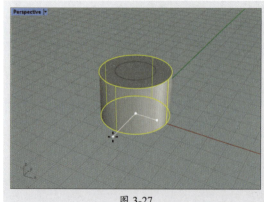　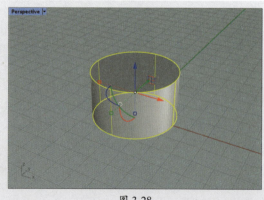

图 3-27　　　　　　　　　　　　图 3-28

3. 三轴缩放

三轴缩放可以在X、Y、Z三轴上以相同的比例缩放物件,操作方法基本与二轴缩放类似。三轴缩放的效果对比如图3-29、图3-30所示。

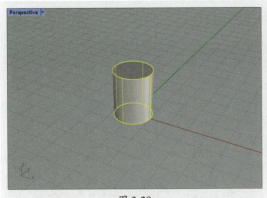

图 3-29

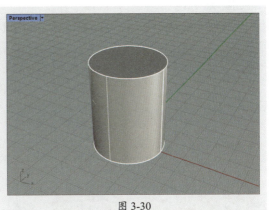

图 3-30

> **操作提示**
>
> 在"缩放"工具组中还可以看到"不等比缩放"工具。单击该工具后,选中要缩放的物件,右击确定,再根据命令行中的指令依次设置基点、X轴的缩放比或第一参考点、X轴的第二参考点、Y轴的缩放比或第一参考点、Y轴的第二参考点、Z轴的缩放比或第一参考点、Z轴的第二参考点,即可按照设置缩放选中的物件。

3.1.7 倾斜物件——使物件倾斜

倾斜是指物件沿一定角度发生歪斜的现象。在Rhino中,用户可以通过"倾斜"命令或"倾斜"按钮 使物件发生倾斜。

选中要倾斜的物件,单击"变动"工具栏组中的"倾斜"工具 或执行"变动"|"倾斜"命令,按照命令行中的指令依次设置基点、参考点与倾斜角度,即可使物件发生倾斜,如图3-31、图3-32所示。其中,基点是指不会倾斜的点。

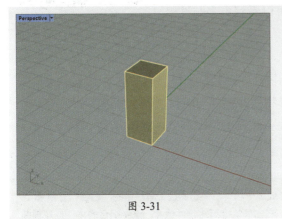

图 3-31

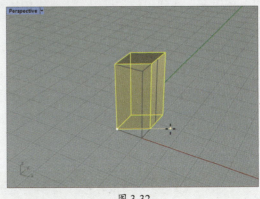

图 3-32

3.1.8 镜像物件——对称物件

镜像可以快速地对称复制物件，创建对称物件。单击"变动"工具栏组中的"镜像"工具 或执行"变动"|"镜像"命令，在视图中选择要镜像的物件，右击确定，再设置镜像平面的起点和终点，即可完成镜像，如图3-33、图3-34所示。

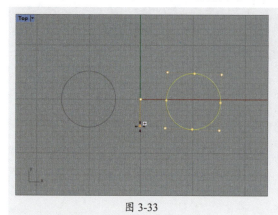

图 3-33　　　　　　　　　　　　　图 3-34

> **操作提示**
> 单击侧边工具栏中"移动"工具 右下角的"弹出变动"按钮 ，在弹出的"变动"工具组中也可以找到"镜像"工具 。

3.1.9 群组物件——编组物件

群组工具可以组合多个物件，使其作为一个整体，方便后续操作。

选中要群组的多个物件，单击侧边工具栏中的"群组物件"工具 ，即可编组选中的物件。群组后的物件将作为一个整体，单击其中一个物件即可选中整个群组。若想取消群组，单击"解散群组"工具 即可。

单击侧边工具栏中的"群组物件"工具 右下角的"弹出群组"按钮 ，在弹出的"群组"工具组中还可以看到更多与群组相关的工具，如图3-35所示。

图 3-35

其中部分工具的作用如下。

- **加入至群组** ：单击该按钮，可以选择物件并将其添加至已有的群组中。
- **从群组去除** ：单击该按钮，可以选择物件并将其与所在的群组分离。
- **设置群组名称** ：用于设置群组名称。要注意的是，群组名称区分大小写。

> **操作提示**
> "组合"工具可以将相同属性的物件连接到一起形成单个物件。单击侧边工具栏中的"组合"工具 ，选择要连接的物件（曲线、曲面、多重曲面或网格），右击确认即可将物件组合；选中组合的物件或多重曲面，单击侧边工具栏中的"炸开/抽离曲面"工具 ，即可将其炸开为单一曲线或曲面。

3.2 物件的进阶操作

通过阵列、扭转物件等操作，可以制作更加复杂的模型，下面将对此进行介绍。

3.2.1 案例解析——制作大鼓模型

本小节将通过练习制作大鼓模型，来体验更多的有关物件的操作方法与技巧。在此将通过阵列功能制作鼓钉，完善大鼓细节，具体的操作过程如下。

步骤01 打开本章素材文件，如图3-36所示。

步骤02 切换至Top视图，选中模型中的球体，如图3-37所示。

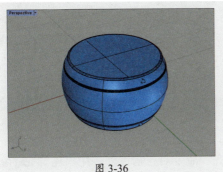
图 3-36

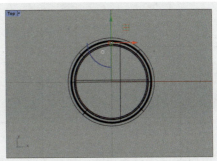
图 3-37

步骤03 单击侧边工具栏中"矩形阵列"按钮▦右下角的"弹出阵列"按钮◢，在弹出的"缩放"工具组中选择"环形阵列"工具✦，在命令行提示"环形阵列中心点，按Enter使用工作平面原点（轴（A））："时右击鼠标，确认以工作平面原点为阵列中心；在命令行提示"阵列数<3>："时输入20并按Enter键确认，设置阵列数为20；在命令行提示"旋转角度总合或第一参考点<360>："时，保持默认设置，按Enter键确认；继续保持默认设置，按Enter键接受设定，效果如图3-38所示。

步骤04 切换至Perspective视图观看透视效果，如图3-39所示。

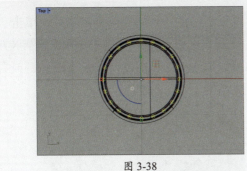
图 3-38

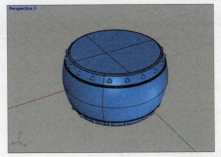
图 3-39

至此完成大鼓模型的制作。

3.2.2 对齐物件——调整多个物件对齐

使用"对齐"命令可以更好地整理视图中的物件，使其整齐有序。选择要对齐的物件，

执行"变动"|"对齐"命令或单击"变动"工具栏组中的"对齐物件"工具，在命令行中选择对齐方式即可。命令行指令如下：

指令:_Align
对齐方式（对齐至（A）=工作平面 向下对齐（B）双向置中（C）水平置中（H）向左对齐（L）向右对齐（R）向上对齐（T）垂直置中（V）到曲线（O）到直线（I）到平面（P））：

设置对齐点，即可使选中物件按照设置的方式对齐，如图3-40、图3-41所示。

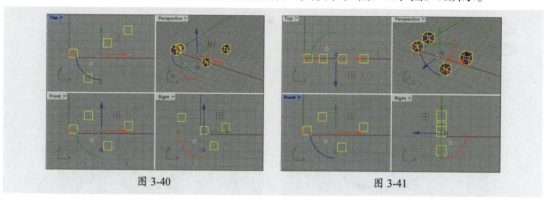

图3-40　　　　　　　　　　　　图3-41

除了可以通过"对齐物件"按钮或"对齐"命令对齐物件外，用户还可以单击"对齐物件"按钮右下角的"弹出对齐与分布"按钮，在弹出的"对齐与分布"工具组中选择合适的对齐工具或分布工具，如图3-42所示。

图3-42

3.2.3 阵列物件——规律复制物件

使用阵列，可以有规律地复制多个物件。Rhino中的阵列分为矩形阵列、环形阵列、沿着曲线阵列、在曲面上阵列、沿着曲面上的曲线阵列和直线阵列6种。下面将介绍常见的3种阵列方式。

1. 矩形阵列

矩形阵列可以在X轴、Y轴和Z轴上有规律地复制物件。选中要阵列的物件，单击"变动"工具栏组或侧边工具栏中的"矩形阵列"工具，根据命令行中的指令依次设置X方向的数目、Y方向的数目、Z方向的数目、底面的另一角或长度、高度，然后按Enter键或右击确定，即可创建矩形阵列，如图3-43、图3-44所示。

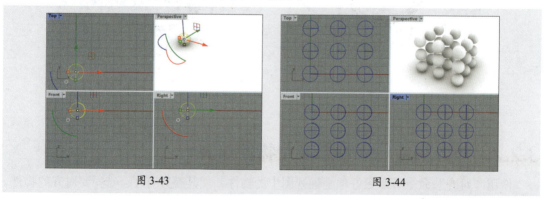

图3-43　　　　　　　　　　　　图3-44

2. 环形阵列

环形阵列可以沿圆弧复制物件。选中要阵列的物件，单击侧边工具栏中"矩形阵列"按钮▦右下角的"弹出阵列"按钮◢，在弹出的"缩放"工具组中选择"环形阵列"工具◈或直接单击"变动"工具栏组中的"环形阵列"工具◈，然后根据命令行中的指令依次设置环形阵列中心点、阵列数、旋转角度总和或第一参考点、第二参考点，最后右击确定即可，如图3-45、图3-46所示。

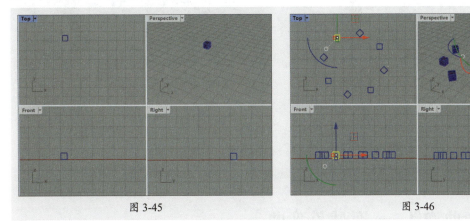

图 3-45　　　　　　　　　图 3-46

3. 沿着曲线阵列

沿着曲线阵列可以使选中的物件在曲线上以一定的规律复制。单击"变动"工具栏组或侧边工具栏中"矩形阵列"工具▦右下角的"弹出阵列"按钮◢，在弹出的"缩放"工具组中单击"沿着曲线阵列"工具，选中要阵列的物件，如图3-47所示，右击确定；根据命令行中的指令依次选取路径曲线、按元素数量排列，完成后右击确定，效果如图3-48所示。

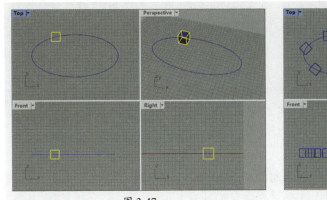
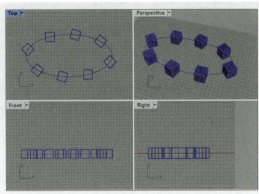

图 3-47　　　　　　　　　图 3-48

操作提示：其他3种阵列的操作方式基本相同，根据命令行中的指令依次设置即可，这里不再赘述。

3.2.4 扭转物件——变形物件

扭转是指通过指定的扭转轴旋转物件,从而使物件变形。选中要扭转的物件,单击"变动"工具栏组中的"扭转"工具,设置扭转轴的起点和终点,再设置角度或第一参考点,即可扭转物件,如图3-49、图3-50所示。

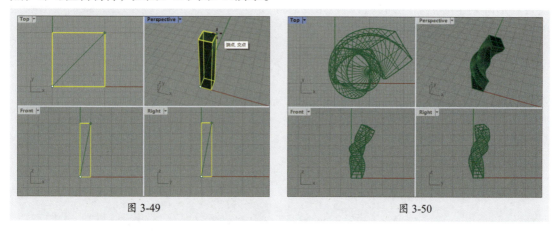

图 3-49　　　　　　　　　　　图 3-50

3.2.5 弯曲物件——使物件弯曲

弯曲是指通过沿骨干弯曲来变形物件。单击"变动"工具栏组中的"弯曲"工具,选取要弯曲的物件,右击确定;设置骨干的起点和终点,然后设置弯曲的通过点,即可弯曲物件,如图3-51、图3-52所示。

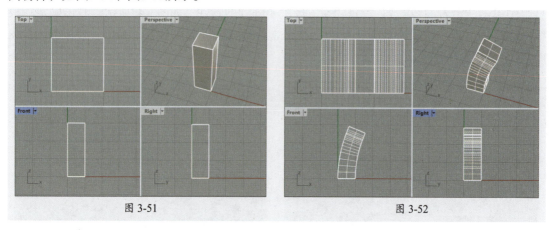

图 3-51　　　　　　　　　　　图 3-52

用户也可以单击侧边工具栏中"沿着曲面流动"按钮右下角的"弹出变形工具"按钮,在弹出的"变形工具"工具组中选择"弯曲"工具。

3.2.6 锥状化物件——使物件锥状变形

锥状化工具可以使物件靠近或远离指定轴时发生锥状变形。单击"变动"工具栏组中的"锥状化"工具,选取要变形的物件,右击确定;设置锥状轴的起点和终点,再设置起始距离和终止距离,即可使物件按照设置发生锥状变形,如图3-53、图3-54所示。

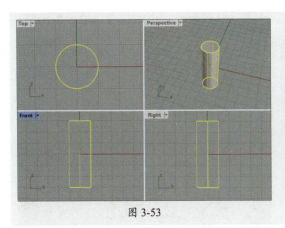

图 3-53

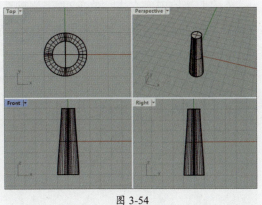

图 3-54

3.2.7 修剪或分割物件——裁切物件

修剪工具可以剪切和删除一个物件与另一个物件相交处内侧或外侧选定的部分；分割工具可以将一个物件作为切割物将另一个物件分割成多个部分。与修剪不同的是，分割并不会删除需要分割物件的某个部分。下面将对此进行介绍。

1. 修剪物件

单击侧边工具栏中的"修剪/取消修剪"工具，根据命令行中的指令选取修剪用物件，右击确认，如图3-55所示。

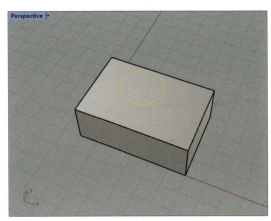

图 3-55

选取要修剪的物件，即可完成修剪，如图3-56所示。右击结束修剪。

> **操作提示**
>
> 选取要修剪的物件时，单击修剪用物件边缘外侧的部分，将删除修剪物件的外侧；单击修剪用物件边缘内侧的部分，将删除修剪物件的内侧。

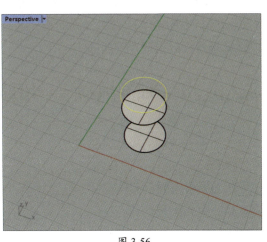

图 3-56

若想取消修剪，右击"修剪/取消修剪"工具，根据命令行中的指令选取要取消修剪的边缘，即可取消修剪，如图3-57、图3-58所示。

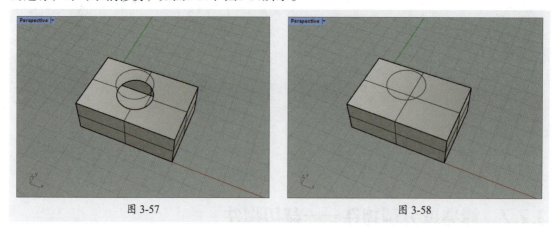

图 3-57　　　　　　　　　　　　　　图 3-58

2. 分割物件

单击侧边工具栏中的"分割/以结构线分割曲面"工具，根据命令行中的指令选取要分割的物件，如图3-59所示，右击确认。选取切割用物件，右击确认即可完成分割，如图3-60所示。

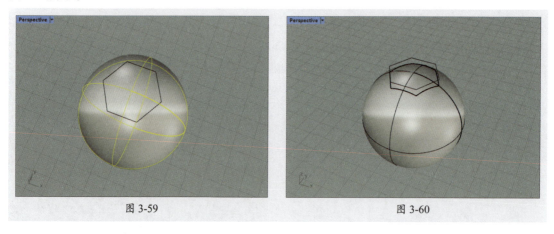

图 3-59　　　　　　　　　　　　　　图 3-60

若想以结构线分割曲面，可以右击侧边工具栏中的"分割/以结构线分割曲面"工具，根据命令行中的指令选取要分割的物件，右击确认。在曲面上移动设置分割点，然后右击确认，即可以结构线分割曲面。

3.2.8　沿着曲线流动——沿曲线排列物件

"沿着曲线流动"命令可以使选中的物件或群组从基准曲线对应至目标曲线，从而轻松制作沿着曲线流动的物件。

执行"变动"|"沿着曲线流动"命令或在命令行中输入Flow指令，选择要沿着曲线流动的物件，按Enter键或右击确认，然后单击基准曲线端点后单击目标曲线端点即可，如图3-61、图3-62所示。

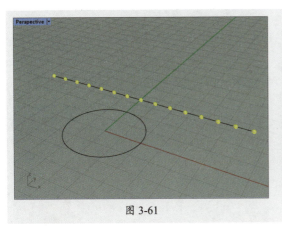
图 3-61

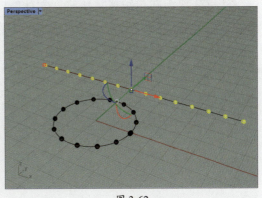
图 3-62

操作提示

"沿着曲面流动"命令类似于"沿着曲线流动"命令,可以使选中的物件或群组从基准曲面对应至目标曲面。

课堂实战 制作闹钟模型

本案例将通过制作闹钟模型以巩固前面所学的知识,具体的操作过程介绍如下。

步骤 01 打开Rhino软件,单击侧边工具栏中"矩形:角对角"按钮右下角的"弹出矩形"按钮,在弹出的"矩形"工具组中单击"圆角矩形/圆锥角矩形"工具,在Front视图中的合适位置单击确定矩形的第一角;在命令行中输入100,按Enter键确认长度;按Enter键,使宽度套用长度;在命令行中输入10,按Enter键确认圆角半径后绘制圆角矩形,如图3-63所示。

步骤 02 选中圆角矩形,执行"变动"|"移动"命令移动圆角矩形位置,使其中心点位于工作平面原点,如图3-64所示。

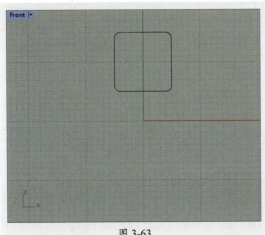
图 3-63

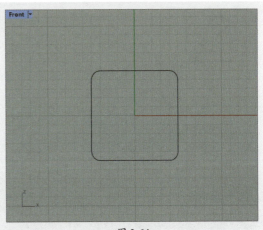
图 3-64

步骤 03 选中圆角矩形,执行"实体"|"挤出平面曲线"|"直线"命令,在命令行中输入30,按Enter键确认,挤出实体效果如图3-65所示。

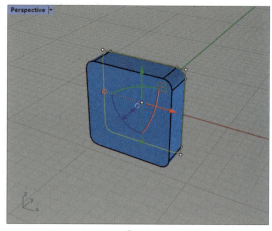

图 3-65

步骤 04 切换至Front视图,执行"实体"|"圆柱体"命令,在命令行中输入0,设置圆柱体底面中心点,按Enter键确认;在命令行中输入35,设置圆柱体半径,按Enter键确认;在命令行中输入8,设置圆柱体高度,按Enter键创建圆柱体。调整圆柱体的位置,效果如图3-66所示。

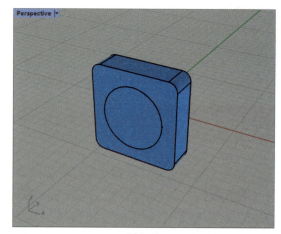

图 3-66

步骤 05 选中圆角矩形挤出实体,在命令行中输入BooleanDifference,在Perspective视图中单击圆柱体进行布尔差集运算,效果如图3-67所示。

步骤 06 执行"实体"|"圆柱体"命令,创建半径为1、高度为0.5的圆柱体,并移动至合适位置,效果如图3-68所示。

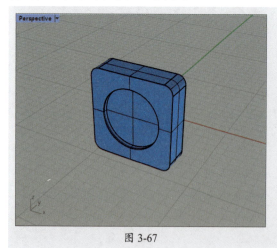

图 3-67   图 3-68

步骤07 选中新创建的圆柱体,单击侧边工具栏中"矩形阵列"按钮右下角的"弹出阵列"按钮,在弹出的"缩放"工具组中选择"环形阵列"工具,右击鼠标,确认以工作平面原点作为阵列中心;在命令行中输入12,设置阵列数,按Enter键确认;保持默认设置,按Enter键确认;继续保持默认设置,按Enter键接受设定,效果如图3-69所示。

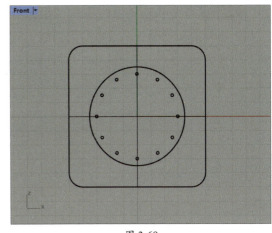

图 3-69

步骤08 单击"圆:中心点、半径"工具,在命令行中输入0,设置圆心位于工作平面原点;在命令行提示"半径<1.00>:"时输入2,设置半径,按Enter键创建圆,如图3-70所示。

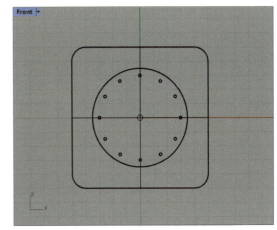

图 3-70

步骤09 执行"曲线"|"多重直线"|"多重直线"命令,在Front视图中创建多重直线,如图3-71所示。

步骤10 选中多重直线和圆,单击侧边工具栏中的"修剪/取消修剪"工具,在多余的路径上单击以删除路径,如图3-72所示。

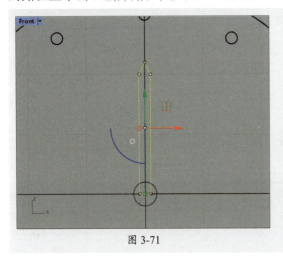

图 3-71

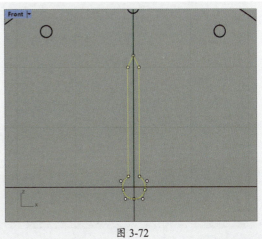

图 3-72

步骤 11 单击侧边工具栏中的"组合"工具,将修剪后的路径组合成封闭曲线,如图3-73所示。

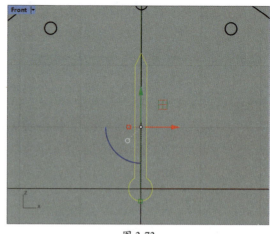

图 3-73

步骤 12 使用相同方法创建其他封闭曲线,效果如图3-74所示。

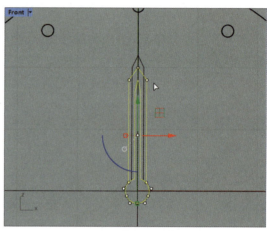

图 3-74

步骤 13 选中其中一个封闭曲线,单击"变动"工具栏组或侧边工具栏中的"2D旋转/3D旋转"工具，在命令行中输入0,设置旋转中心点为工作平面原点,按Enter键确认;在命令行中输入60,设置角度,按Enter键确认,旋转效果如图3-75所示。

步骤 14 使用相同的方法旋转其他的封闭曲线,效果如图3-76所示。

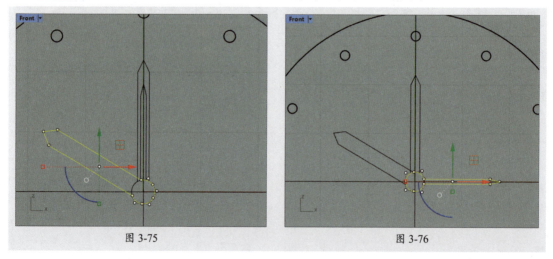

图 3-75   图 3-76

步骤 15 选中三条封闭曲线，执行"实体"|"挤出平面曲线"|"直线"命令，在命令行中输入0.2，按Enter键确认挤出实体。在Right视图中调整位置，效果如图3-77所示。

步骤 16 切换至Front视图，执行"实体"|"圆柱体"命令，在命令行中输入0，设置圆柱体底面中心点，按Enter键确认；在命令行中输入1.5，设置圆柱体半径，按Enter键确认；在命令行中输入4，设置圆柱体高度，按Enter键创建圆柱体。调整圆柱体的位置，效果如图3-78所示。

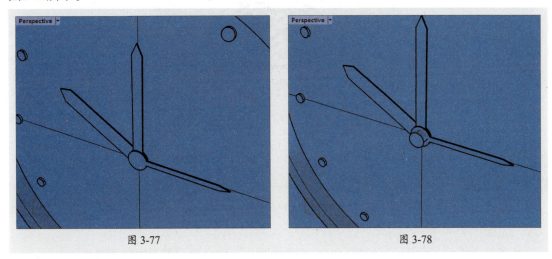

图 3-77　　　　　　　　　　　　图 3-78

步骤 17 执行"实体"|"边缘圆角"|"不等距边缘圆角"命令，在命令行中单击"下一个半径"选项并输入2，设置下一个半径，按Enter键确认。在Perspective视图中单击要创建圆角的边缘，如图3-79所示。

步骤 18 按Enter键创建圆角，效果如图3-80所示。

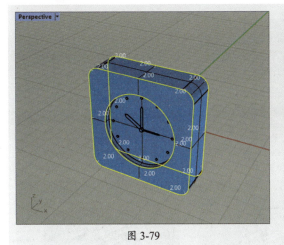 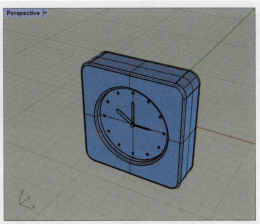

图 3-79　　　　　　　　　　　　图 3-80

至此完成闹钟模型的制作。

课后练习 制作月饼模型

下面将利用本章所学知识制作月饼模型，如图3-81所示。

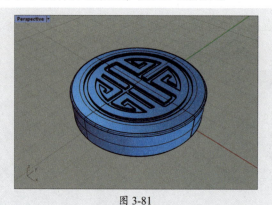

图 3-81

1. 技术要点

- 通过"圆：中心点、半径"工具 ⊙ 和"矩形：中心点、角"工具 ▣ 绘制月饼表面轮廓。
- 通过"修剪"命令、"分割"命令、"曲线圆角"命令等调整表面轮廓造型。
- 创建圆柱体作为月饼主体。通过曲线创建曲面，挤出曲面并进行布尔运算，制作造型。

2. 分步演示

演示步骤如图3-82所示。

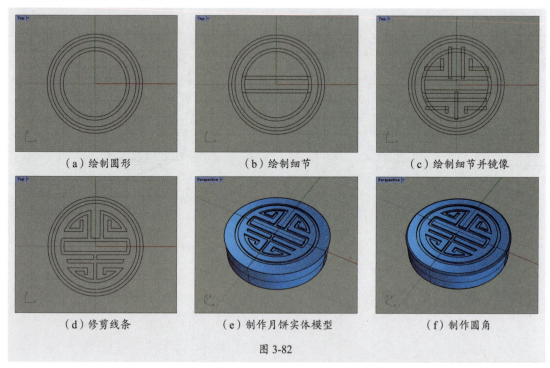

（a）绘制圆形　　（b）绘制细节　　（c）绘制细节并镜像

（d）修剪线条　　（e）制作月饼实体模型　　（f）制作圆角

图 3-82

拓展赏析

瓷器之各种釉彩大瓶

清乾隆各种釉彩大瓶标志着中国古代制瓷工艺的顶峰,其器身自上而下装饰的釉、彩多达15层,包括金彩、珐琅彩、粉彩、青花、斗彩等彩;仿哥釉、松石绿釉、窑变釉、粉青釉、霁蓝釉、仿汝釉、仿官釉、酱釉等釉,集各种高温、低温釉、彩于一身,被誉为"瓷母",如图3-83所示。

图 3-83

各种釉彩大瓶主题纹饰在瓶的腹部,为霁蓝釉描金开光粉彩吉祥图案,共十二个开光,其中六幅为写实图画,分别为"三阳开泰"、"吉庆有余"、"丹凤朝阳"、"太平有象"、"仙山琼阁"、"博古九鼎"。另六幅为分别寓意"万"、"福"、"如意"、"辟邪"、"长寿"、"富贵"的锦地"卍"字、蝙蝠、如意、蟠螭、灵芝、花卉。瓶内及圈足内施松石绿釉,外底中心署青花篆书"大清乾隆年制"六字三行款。

各种釉彩大瓶的烧造工艺复杂,制作难度极高,展现了当时制瓷工艺的成熟,为中国瓷器文化的传播与发展作出了巨大贡献。

第4章

曲线的绘制与编辑

内容导读

本章将对曲线的绘制与编辑进行讲解，内容包括直线、曲线等基本曲线的绘制，圆、矩形等标准曲线的绘制，投影曲线、复制边缘等从物件建立曲线的方法，以及偏移曲线、混接曲线、曲线倒角等操作。

思维导图

曲线的绘制与编辑

绘制标准曲线
- 绘制圆——通过不同的方式绘制圆
- 绘制椭圆——通过不同的方式绘制椭圆
- 绘制圆弧——通过不同的方式绘制圆弧
- 绘制矩形——通过不同的方式绘制矩形
- 绘制多边形——通过不同的方式绘制多边形
- 创建文本——创建文本物件

绘制基本曲线
- 绘制直线——绘制直线段
- 绘制曲线——绘制曲线段

从物件建立曲线
- 投影曲线——将曲线投影至物件上
- 复制边缘——复制物件边缘曲线
- 抽离结构线——提取物件的结构线

编辑曲线
- 控制曲线上的点——编辑物件上的点
- 延伸与连接曲线——延伸或连接曲线
- 偏移曲线——使曲线偏移
- 混接曲线——连接不相接的曲线
- 重建曲线——重设曲线的点数和阶数
- 曲线倒角——制作圆角或倒角效果

4.1 绘制基本曲线

点、线、面是几何学中的重要概念。在Rhino软件中，用户可以根据需要绘制多种类型的曲线。本小节将对基本曲线的绘制进行讲解。

4.1.1 案例解析——绘制心形曲线

在学习绘制基本曲线之前，可以跟随以下步骤了解并熟悉曲线的绘制方法。本例将利用"内插点曲线"工具绘制心形，具体操作如下。

步骤01 打开Rhino软件，单击侧边工具栏中的"控制点曲线/通过数个点的曲线"工具右下角的"弹出曲线"按钮，在弹出的"曲线"工具组中单击"内插点曲线/控制杆曲线"工具，在Front视图中的合适位置设置曲线起点，如图4-1所示。

步骤02 在合适位置确定曲线的下一点，如图4-2所示。

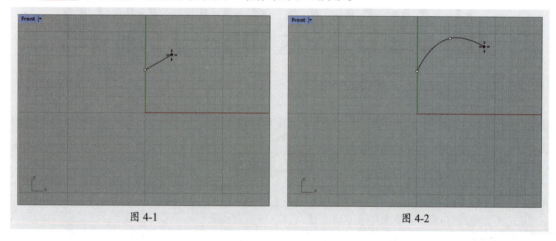

图4-1　　　　　　　　　　　图4-2

步骤03 使用相同的方法确定曲线的下一点，直至绘制完成心形的一半轮廓，如图4-3所示。

步骤04 选中绘制的半个心形，执行"变动"|"镜像"命令，在曲线的两端设置镜像平面的起点和终点镜像曲线，效果如图4-4所示。

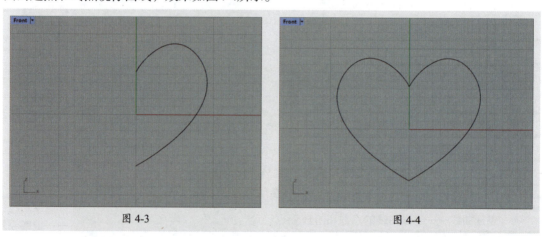

图4-3　　　　　　　　　　　图4-4

步骤 05 选中两条曲线,单击侧边工具栏中的"组合"工具，将其组合为一条封闭曲线,如图4-5所示。

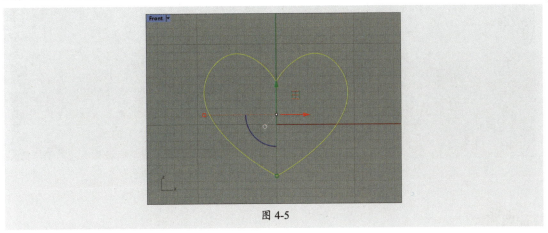

图 4-5

至此完成心形曲线的绘制。

4.1.2 绘制直线——绘制直线段

绘制直线的命令是图形绘制中最常用的命令之一。在Rhino软件中,有多种绘制直线的方法,单击侧边工具栏中"多重直线/线段"工具右下角的"弹出直线"按钮，在弹出的"直线"工具组中可以选择合适的工具绘制直线,如图4-6所示。用户也可以执行"曲线"|"直线"命令,在其子菜单中选择命令创建直线,如图4-7所示。

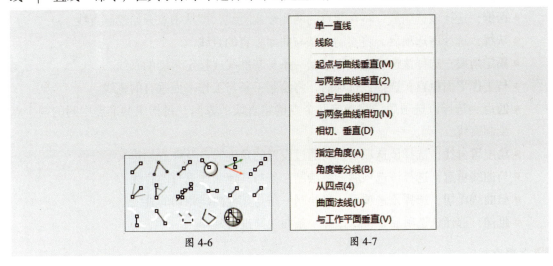

图 4-6　　　　　图 4-7

常见直线有单一直线、多重直线,下面将对这两种直线进行介绍。

1. 单一直线

单一直线是指单独的一段线段。该线段为直线的最小段,无法拆分。单击"直线"工具组中的"单一直线"工具或执行"曲线"|"直线"|"单一直线"命令,根据命令行中的指令设置直线的起点与终点,即可绘制单一直线,如图4-8、图4-9所示。

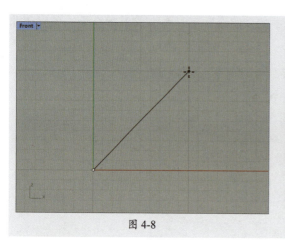
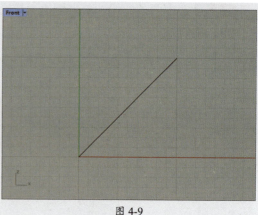

图 4-8　　　　　　　　　　　　　　图 4-9

操作提示

用户也可以在命令行中输入直线的起点坐标，右击确认后输入终点坐标来绘制直线。

设置直线起点时，命令行中的指令如下：

指令：_Line
直线起点（两侧(B) 法线（N）指定角度（A）与工作平面垂直（V）四点（F）角度等分线（I）与曲线垂直（P）与曲线正切（T）延伸（X））

"单一直线"命令行中部分选项的作用如下。

- **两侧**：选择该选项后，将在起点的两侧绘制直线，即从中点开始绘制直线。
- **法线**：选择该选项后，将绘制一条与曲面垂直的直线。
- **指定角度**：选择该选项后，将绘制一条与基准线成指定角度的直线。
- **与工作平面垂直**：选择该选项后，将绘制一条与工作平面垂直的直线。
- **四点**：选择该选项后，将指定两个点确定直线的方向，再指定基准点中间的两个点绘制直线。
- **角度等分线**：选择该选项后，将通过设置的角度起点及终点创建其等分线。
- **与曲线垂直**：选择该选项后，将绘制一条与其他曲线垂直的直线。
- **与曲线正切**：选择该选项后，将绘制一条与其他曲线相切的直线。
- **延伸**：选择该选项后，可以选择一条曲线并进行延伸。

2. 多重直线

多重直线是指一系列连接的直线段或圆弧段。用户可以用"多重直线/线段"工具或"多重直线"命令绘制多重直线。

单击侧边工具栏中"多重直线/线段"工具或执行"曲线"|"多重直线"|"多重直线"命令，根据命令行中的指令，确定多重直线的起点，接着逐一确定多重直线的下一点，直至完成多重直线的绘制，如图4-10、图4-11所示。

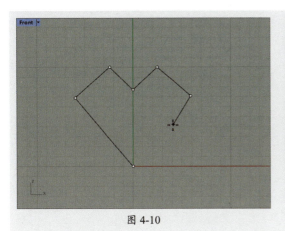
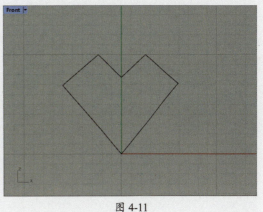

图 4-10　　　　　　　　　　　　　图 4-11

绘制多重直线时，命令行中的指令如下：

指令：_Polyline
多重直线起点（持续封闭（P）=否）
多重直线的下一点（持续封闭（P）=否　模式（M）=直线　导线（H）=否　复原（U））
多重直线的下一点，按 Enter 完成（持续封闭（P）=否　模式（M）=直线　导线（H）=否　长度（N）复原（U））

其中，单击"持续封闭"选项，将绘制封闭的多重曲线；单击"模式"选项，将切换模式为圆弧，可用于绘制圆弧，再次单击将切换模式为直线；单击"复原"选项，将取消最后一个点的绘制。

4.1.3　绘制曲线——绘制曲线段

除了直线外，曲线也是Rhino中经常绘制的线条。单击侧边工具栏中的"控制点曲线/通过数个点的曲线"工具右下角的"弹出曲线"按钮，在弹出的"曲线"工具组中可以选择合适的工具绘制曲线，如图4-12所示。

图 4-12

常用的绘制曲线的工具有"控制点曲线"工具、"内插点曲线"工具、"控制杆曲线"工具等。下面将对这几种常用的曲线工具进行介绍。

1. "控制点曲线"工具

"控制点曲线"工具主要是通过控制点的位置来控制曲线。单击侧边工具栏中的"控制点曲线/通过数个点的曲线"工具或执行"曲线"|"自由造型"|"控制点"命令，根据命令行中的指令，设置曲线的起点，然后依次设置曲线的其他点即可，如图4-13、图4-14所示。

59

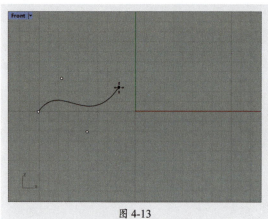
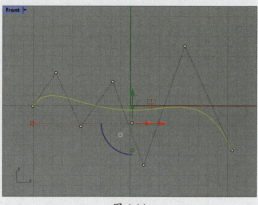

图 4-13　　　　　　　　　　　　　　　　图 4-14

选择"控制点曲线"工具，命令行中的指令如下：

指令：_Curve
曲线起点（阶数（D）=11 适用细分（S）=否 持续封闭（P）=否）

该命令行中部分选项的作用如下。

- **阶数**：用于指定曲线的阶数，最大阶数为11。绘制曲线的控制点必须比设置的阶数多1个或以上，否则将自动降阶。
- **持续封闭**：单击该选项，将绘制封闭曲线。

2. "内插点曲线"工具

"内插点曲线"工具通过空间中的选定位置绘制曲线。单击侧边工具栏中的"控制点曲线/通过数个点的曲线"工具右下角的"弹出曲线"按钮，在弹出的"曲线"工具组中单击"内插点曲线/控制杆曲线"工具，或执行"曲线"|"自由造型"|"内插点"命令，根据命令行中的指令，设置曲线的起点，然后再依次设置曲线的其他点即可，如图4-15、图4-16所示。

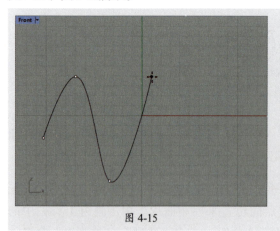
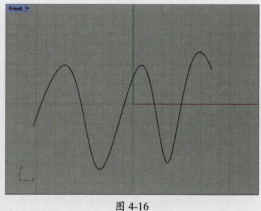

图 4-15　　　　　　　　　　　　　　　　图 4-16

3. "控制杆曲线"工具

用"控制杆曲线"工具可以绘制程序样式的贝塞尔曲线。右击"内插点曲线/控制杆

曲线"工具，单击"曲线"工具组中的"控制杆曲线"工具，或执行"曲线"|"自由造型"|"控制杆曲线"命令，根据命令行中的指令，设置曲线点，然后设置控制杆的位置；重复操作，设置下一个曲线点及控制杆的位置，直至完成绘制，如图4-17、图4-18所示。

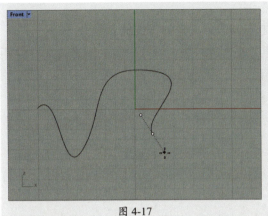

图 4-17

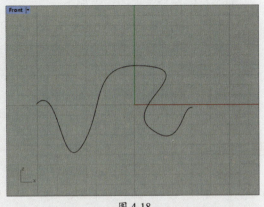

图 4-18

操作提示　在利用"控制杆曲线"工具绘制贝塞尔曲线时，设置控制杆的位置时，按住Alt键可以建立锐角，按住Ctrl键可以移动曲线点。

4. "弹簧线"工具

"弹簧线"工具主要用于绘制弹簧线。单击"曲线"工具组中的"弹簧线"工具或执行"曲线"|"弹簧线"命令，在视图中设置弹簧线轴的起点和终点，然后设置弹簧线的半径和起点即可，如图4-19、图4-20所示。

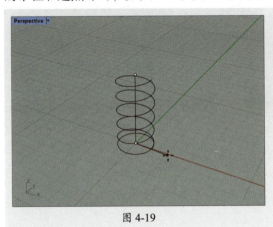

图 4-19

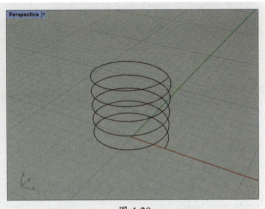

图 4-20

设置完弹簧线轴的起点和终点，即可对弹簧线的半径、起点等参数进行设置，命令行中的指令如下：

指令: _Helix
轴的起点（垂直（V）环绕曲线（A））
轴的终点

直径和起点 <16.00>（半径（R）模式（M）=圈数 圈数（T）=1.5 螺距（P）=212.004 反向扭转（V）=否）

命令行中部分选项的作用如下。

- **直径：** 单击该选项，将通过设置直径和起点的方式确定弹簧线的大小。
- **模式：** 用于设置圈数或螺距优先的模式。若选择圈数，将以设置的圈数优先，螺距自动调整；若选择螺距，将以设置的螺距优先，圈数自动调整。
- **圈数：** 用于设置弹簧线螺旋的圈数。
- **螺距：** 用于设置弹簧线两圈之间的距离。

5. "螺旋线"工具

螺旋线属于空间曲线，包括圆柱螺旋线、圆锥螺旋线等多种形式。在Rhino中，用户可以通过"螺旋线"工具绘制螺旋线。

单击"曲线"工具组中的"螺旋线"工具或执行"曲线"|"螺旋线"命令，设置螺旋轴的起点和终点，然后设置螺旋线的第一半径和起点及第二半径和起点，如图4-21、图4-22所示。

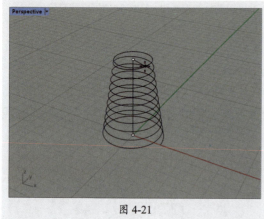 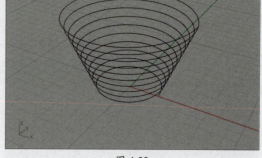

图 4-21　　　　　　　　　　　　　图 4-22

绘制螺旋线时，其命令行中的指令与弹簧线类似，具体指令如下：

指令：_Spiral
轴的起点（平坦（F）垂直（V）环绕曲线（A））
轴的终点
第一半径和起点 <33.00>（直径（D）模式（M）=圈数 圈数（T）=10 螺距（P）=19.5021 反向扭转（R）=否）
第二半径 <50.00>（直径（D）模式（M）=圈数 圈数（T）=10 螺距（P）=19.5021 反向扭转（R）=否）

命令行中的部分选项的作用如下。

- **平坦：** 选择该选项，将绘制平面螺旋线。
- **环绕曲线：** 选择该选项，将围绕选中的曲线绘制螺旋线。

4.2 绘制标准曲线

Rhino软件中提供了绘制圆、椭圆、矩形、多边形等标准曲线的工具，本小节将对此进行讲解。

4.2.1 案例解析——绘制魔法棒造型曲线

在学习绘制标准曲线之前，先通过一个简单的案例了解各种绘制工具的使用方法与技巧。在此绘制的是魔法棒造型曲线，具体操作如下。

步骤01 打开Rhino软件，单击侧边工具栏中的"多边形：中心点、半径"工具，在命令行中单击"边数"选项，输入5，设置边数，按Enter键确认；单击"星形"选项，在命令行中输入0，设置星形中心点为工作平面原点，按Enter键确认，此时视图中将出现中心点，如图4-23所示。

步骤02 在Top视图中确定星形的角，如图4-24所示。

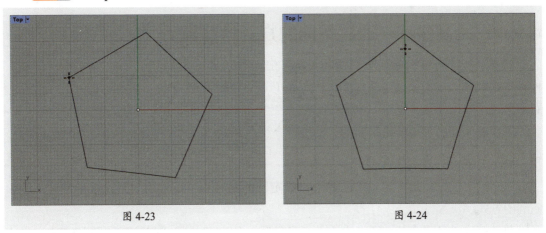

图 4-23　　　　　　　　图 4-24

步骤03 使用相同的方法在合适位置确定星形的第二个半径，如图4-25所示。

步骤04 选中绘制的星形曲线，使用"偏移曲线"工具向内偏移8个单位，如图4-26所示。

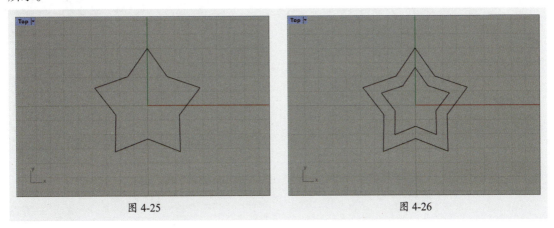

图 4-25　　　　　　　　图 4-26

步骤05 使用"多重直线/线段"工具绘制把手，如图4-27所示。

步骤 06 单击"曲线工具"工具组中的"曲线圆角"工具为魔法棒添加不同的圆角效果,如图4-28所示。

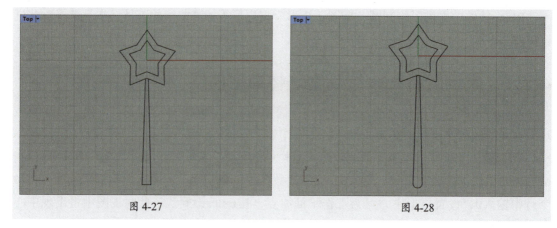

图 4-27　　　　　　　　　　　　　图 4-28

至此完成魔法棒造型曲线的绘制。

4.2.2　绘制圆——通过不同的方式绘制圆

圆是一种常见的平面造型。在Rhino软件中,用户可以选择多种方式绘制圆。单击侧边工具栏中"圆:中心点、半径"工具右下角的"弹出圆"按钮,打开的"圆"工具组如图4-29所示。

图 4-29

下面将对几种常用的绘制圆的工具进行介绍。

1. "圆:中心点、半径"工具

"圆:中心点、半径"工具是通过指定圆的圆心和半径来绘制圆,这是最常见的绘制圆的方式。

单击侧边工具栏中的"圆:中心点、半径"工具或执行"曲线"|"圆"|"中心点、半径"命令,在工作视图中单击确定圆心,然后根据命令行的指令,设置直径或半径等参数,即可绘制圆,如图4-30、图4-31所示。

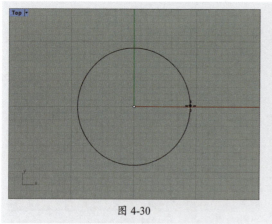 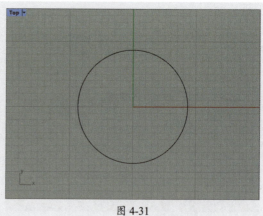

图 4-30　　　　　　　　　　　　　图 4-31

使用该工具绘制圆时，命令行中的指令如下：

指令：_Circle
圆心（可塑形的（D）垂直（V）两点（P）三点（O）正切（T）环绕曲线（A）逼近数个点（F））
半径<2.40>（直径（D）定位（O）周长（C）面积（A）投影物件锁点（P）=是）

命令行中部分选项的作用如下。
- **可塑形的**：选择该选项，将使用指定的阶数和点数创建圆。
- **正切**：选择该选项，需选择曲线以绘制与之相切的圆。
- **逼近数个点**：选择该选项，需选择点以创建圆。

2. "圆：直径"工具

使用"圆：直径"工具可以通过设置圆直径两端的点来绘制圆。

单击侧边工具栏中"圆：中心点、半径"工具右下角的"弹出圆"按钮，在打开的"圆"工具组中单击"圆：直径"工具，或执行"曲线"|"圆"|"两点"命令，根据命令行中的指令，在工作视图中设置直径的起点，如图4-32所示；然后设置直径的终点，即可创建圆，如图4-33所示。

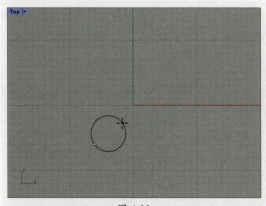
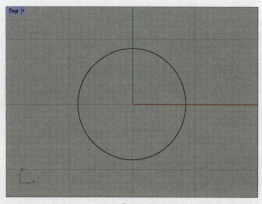

图 4-32　　　　　　　　　　　　　　图 4-33

操作提示

在使用"圆：中心点、半径"工具创建圆时，在设置圆心之前单击命令行中的"两点"选项，也可以通过设置圆直径两端的点来绘制圆。

3. "圆：三点"工具

使用"圆：三点"工具可以通过设置圆上的三个点来创建圆。

单击"圆"工具组中的"圆：三点"工具或执行"曲线"|"圆"|"三点"命令，在工作视图中指定圆的第一点、第二点和第三点，即可按照设置的点绘制圆，如图4-34、图4-35所示。

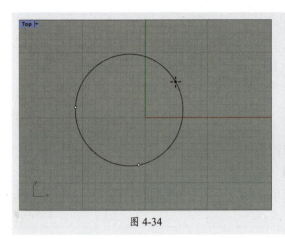

图 4-34

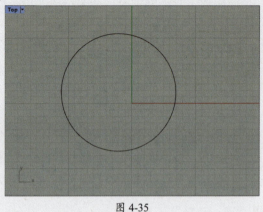

图 4-35

4.2.3 绘制椭圆——通过不同的方式绘制椭圆

椭圆的创建方式与圆类似。单击侧边工具栏中"椭圆：从中心点"按钮 右下角的"弹出椭圆"按钮 ，打开"椭圆"工具组，如图4-36所示。

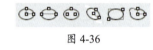

图 4-36

该工具组中常用的工具有"椭圆：从中心点"工具 、"椭圆：直径"工具 、"椭圆：从焦点"工具 等，下面将对这几种常用的椭圆工具进行介绍。

1. "椭圆：从中心点"工具

使用"椭圆：从中心点"工具 可以通过设置椭圆的中心点、第一轴终点和第二轴终点来创建椭圆。

单击侧边工具栏中的"椭圆：从中心点"工具 或执行"曲线"|"椭圆"|"从中心点"命令，根据命令行中的指令，依次设置椭圆的中心点、第一轴终点和第二轴终点，即可创建椭圆，如图4-37、图4-38所示。

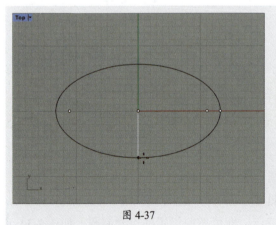

图 4-37

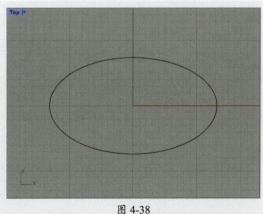

图 4-38

使用该工具创建椭圆时，命令行中的指令如下：

指令：_Ellipse
椭圆中心点（可塑形的（D）垂直（V）角（C）直径（I）从焦点（F）环绕曲线（A））

第一轴终点（角（C））
第二轴终点

命令行中部分选项的作用如下。
- **可塑形的**：选择该选项，将使用指定的阶数和点数创建椭圆。
- **垂直**：选择该选项，将创建垂直于构造平面的椭圆。
- **角**：选择该选项，将从封闭矩形的角绘制椭圆。
- **直径**：选择该选项，将通过椭圆轴绘制椭圆。
- **从焦点**：选择该选项，将通过椭圆焦点和椭圆上的点绘制椭圆。

2. "椭圆：直径"工具

使用"椭圆：直径"工具可以通过设置第一轴及第二轴创建椭圆。

单击"椭圆"工具组中的"椭圆：直径"工具，根据命令行中的指令，设置第一轴起点、第一轴终点及第二轴终点，即可创建椭圆，如图4-39、图4-40所示。

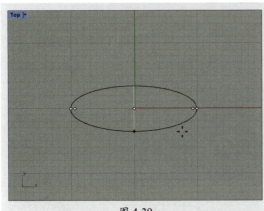

图 4-39

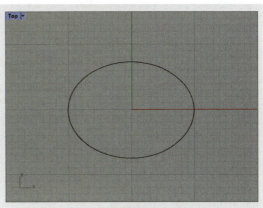

图 4-40

3. "椭圆：从焦点"工具

使用"椭圆：从焦点"工具可以通过设置焦点及椭圆上的点创建椭圆。

单击"椭圆"工具组中的"椭圆：从焦点"工具，根据命令行中的指令，设置第一焦点、第二焦点及椭圆上的点，即可创建椭圆，如图4-41、图4-42所示。

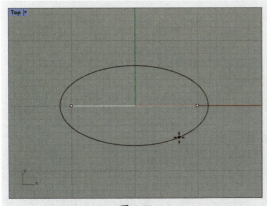

图 4-41

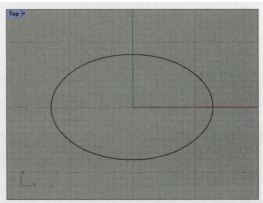

图 4-42

4.2.4 绘制圆弧——通过不同的方式绘制圆弧

Rhino中有专门绘制圆弧的工具。单击侧边工具栏中的"圆弧：中心点、起点、角度"工具右下角的"弹出圆弧"按钮，可打开"圆弧"工具组，如图4-43所示。

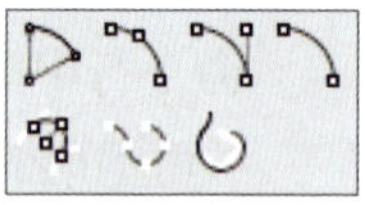

该工具组中常用的工具有"圆弧：中心点、起点、角度"工具、"圆弧：起点、终点、通过点/圆弧：起点、通过点、终点"工具、"圆弧：起点、终点、起点的方向/圆弧：起点、起点的方向、终点"工具等，下面将对这几种常见的工具进行介绍。

图 4-43

1. "圆弧：中心点、起点、角度"工具

使用该工具可以通过设置圆弧的中心点、起点、终点或者角度创建圆弧。

单击侧边工具栏中的"圆弧：中心点、起点、角度"工具或执行"曲线"|"圆弧"|"中心点、起点、角度"命令，根据命令行中的指令，依次设置圆弧的中心点、起点、终点或角度，即可创建圆弧，如图4-44、图4-45所示。

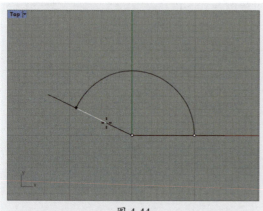

图 4-44

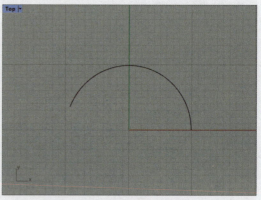

图 4-45

使用该工具时，命令行中的指令如下：

指令：_Arc
圆弧中心点（可塑形的（D）起点（S）正切（T）延伸（X））
圆弧起点（倾斜（T））
终点或角度（长度（L））

命令行中部分选项的作用如下。

- **正切：** 选择该选项，将绘制与选定曲线相切的弧。
- **延伸：** 选择该选项，可以将带有圆弧的曲线延伸到指定端点。

2. "圆弧：起点、终点、通过点 / 圆弧：起点、通过点、终点"工具

使用该工具可以通过设置圆弧的起点、终点及通过点绘制圆弧。

单击"圆弧"工具组中的"圆弧：起点、终点、通过点/圆弧：起点、通过点、终点"工具或执行"曲线"|"圆弧"|"起点、终点、通过点"命令，根据命令行中的指令，依

次设置圆弧的起点、终点及圆弧上的点,即可创建圆弧,如图4-46、图4-47所示。

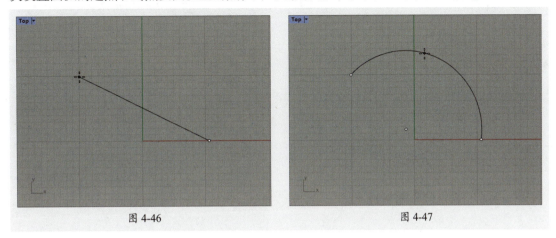

图 4-46　　　　　　　　　　　　　　图 4-47

3. "圆弧:起点、终点、起点的方向/圆弧:起点、起点的方向、终点"工具

使用该工具可以通过设置圆弧的起点、终点及起点的方向创建圆弧。

单击"圆弧"工具组中的"圆弧:起点、终点、起点的方向/圆弧:起点、起点的方向、终点"工具或执行"曲线"|"圆弧"|"起点、终点、方向"命令,根据命令行中的指令,依次设置圆弧的起点、终点及起点的方向,即可创建圆弧,如图4-48、图4-49所示。

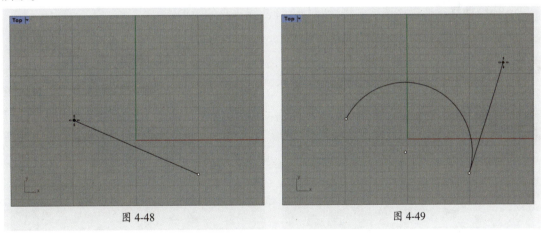

图 4-48　　　　　　　　　　　　　　图 4-49

4.2.5　绘制矩形——通过不同的方式绘制矩形

在Rhino中,绘制矩形有多种方法,常见的有角对角、中心点和角、三点、圆角等,下面将对此进行介绍。

1. 角对角

"矩形:角对角"工具将使用两个相对的角绘制矩形。单击侧边工具栏中的"矩形:角对角"工具或执行"曲线"|"矩形"|"角对角"命令,根据命令行中的指令,依次设置矩形的第一角、另一角或长度,即可绘制矩形,如图4-50、图4-51所示。

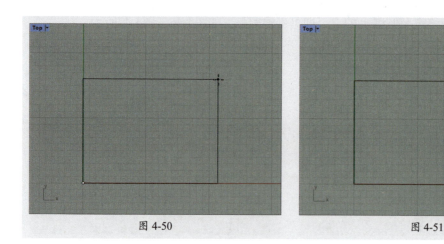

图 4-50　　　　　　　　　　　　　　图 4-51

使用该工具时，命令行中的指令如下：

指令：_Rectangle
矩形的第一角（三点（P）垂直（V）中心点（C）环绕曲线（A）圆角（R））
另一角或长度（三点（P）圆角（R））

命令行中部分选项的作用如下。
- **垂直**：选择该选项，将绘制与构造平面垂直的矩形。
- **环绕曲线**：选择该选项，将绘制与选择曲线垂直的矩形。
- **圆角**：选择该选项，将绘制圆角矩形。

2. 中心点、角

"矩形：中心点、角"工具 将围绕中心点绘制矩形。单击侧边工具栏中"矩形：角对角"工具 右下角的"弹出矩形"按钮 ，在弹出的"矩形"工具组中单击"矩形：中心点、角"工具 ，或执行"曲线"|"矩形"|"中心点、角"命令，根据命令行中的指令，依次设置矩形的中心点、另一角或长度，即可绘制矩形，如图4-52、图4-53所示。

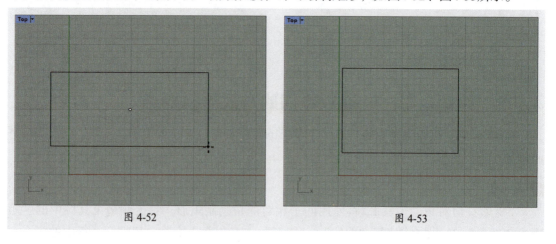

图 4-52　　　　　　　　　　　　　　图 4-53

3. 三点

使用"矩形：三点"工具 可以通过设置矩形两个相邻角点的位置及另一侧边上点的

位置创建矩形。单击"矩形"工具组中的"矩形：三点"工具▭或执行"曲线"|"矩形"|"三点"命令，根据命令行中的指令，依次设置边缘起点、边缘终点、宽度，即可绘制矩形，如图4-54、图4-55所示。

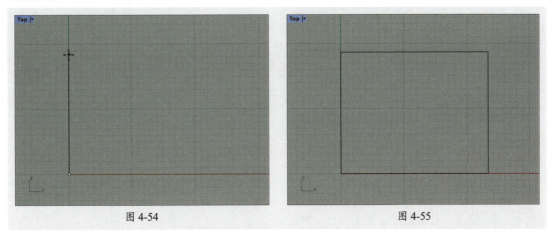

图 4-54　　　　　　　　　　　　图 4-55

4. 圆角矩形

圆角矩形是指经过圆角处理的矩形。在造型上，这种矩形显得更加圆润、精致，视觉体验更佳。

单击"矩形"工具组中的"圆角矩形/圆锥角矩形"工具▭，根据命令行中的指令，依次设置矩形的第一角、另一角或长度、半径或圆角通过的点，即可绘制圆角矩形，如图4-56、图4-57所示。

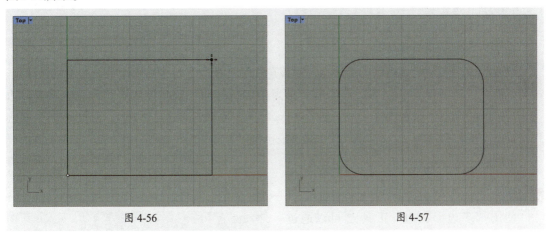

图 4-56　　　　　　　　　　　　图 4-57

4.2.6　绘制多边形——通过不同的方式绘制多边形

使用"多边形"命令可以绘制具有指定边数的闭合多段线，以满足多面物体的绘制。常见的创建多边形的方法有指定中心点和半径、指定边等，下面将对此进行介绍。

1. 中心点、半径

通过指定中心点和半径的方式绘制的多边形分为内接和外切两种。内接多边形是指多边形的顶点在同一个圆上，外切多边形是指多边形的边与圆相切。

单击侧边工具栏中的"多边形：中心点、半径"工具或执行"曲线"|"多边形"|"中心点、半径"命令，根据命令行中的指令，设置内接多边形中心点、多边形的角，即可创建多边形，如图4-58、图4-59所示。

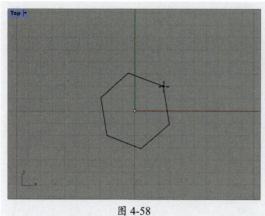

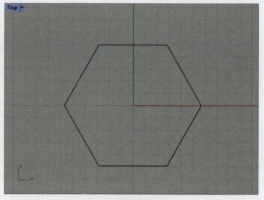

图 4-58　　　　　　　　　　　　　　图 4-59

使用"多边形：中心点、半径"工具时，命令行中的指令如下：

指令：_Polygon
内接多边形中心点（边数（N）=6 模式（M）=内切 边（D）星形（S）垂直（V）环绕曲线（A））：_Mode=_Inscribed
内接多边形中心点（边数（N）=6 模式（M）=内切 边（D）星形（S）垂直（V）环绕曲线（A））
多边形的角（边数（N）=6 模式（M）=内切）

命令行中部分选项的作用如下。
- **边数**：用于设置多边形的边数。选择该选项后，在命令行中输入边数，右击确认即可。
- **模式**：用于设置绘制多边形的模式是内接还是外切。选择外切后，将通过设置多边形边的中点绘制多边形。
- **边**：选择该选项后，将通过定义多边形边缘的起点和终点来绘制矩形。
- **星形**：选择该选项后，将绘制星形。

2. 边

使用"多边形：边"工具可以通过设置多边形一条边的起点和终点来创建多边形。单击侧边工具栏中"多边形：中心点、半径"工具右下角的"弹出多边形"按钮，在弹出的"多边形"工具组中单击"多边形：边"工具，或执行"曲线"|"多边形"|"边缘"命令，根据命令行中的指令，设置边缘起点、边缘终点，即可创建多边形，如图4-60、图4-61所示。

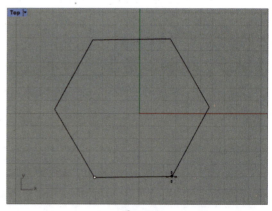

图 4-60

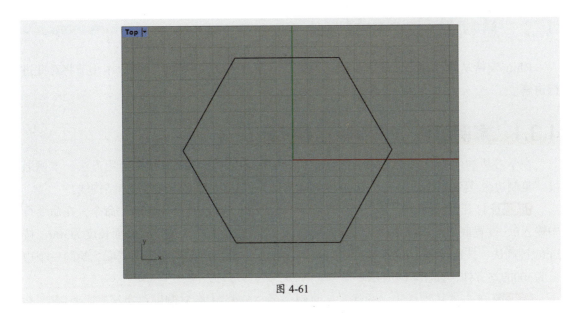

图 4-61

4.2.7 创建文本——创建文本物件

使用"文本"命令和"文本物件"工具 T 均可创建文本,用户可以选择创建文字曲线、曲面或者实体。

单击侧边工具栏中的"文本物件"工具 T 或执行"实体"|"文本"命令,打开"文本物件"对话框,如图4-62所示。在该对话框中设置字体内容、高度、字体样式等参数后单击"确定"按钮,在视图中单击放置点即可创建文本,如图4-63所示。

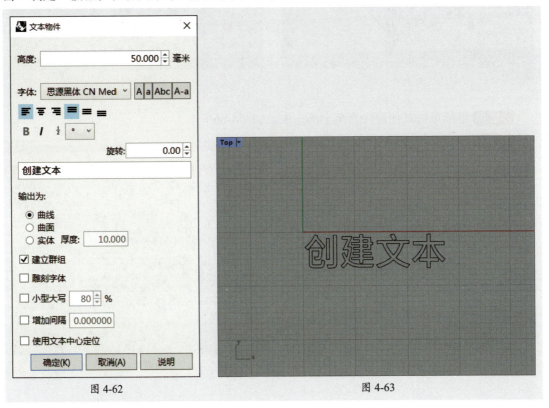

图 4-62　　　　　　　　　　　图 4-63

4.3 从物件建立曲线

Rhino支持从物件建立曲线，如投影曲线、复制边缘、抽离结构线等。本小节将对此进行讲解。

4.3.1 案例解析——复制立方体棱线

在学习从物件建立曲线之前，先通过一个实操案例了解相关知识的应用方法。本例通过"复制边缘/复制网格边缘"工具 复制立方体棱线，以快速得到立方体结构线。

步骤01 打开Rhino软件，执行"实体"|"立方体"|"角对角、高度"命令，在命令行中输入0，设置底面的第一角位于工作平面原点，按Enter键确认；设置底面长度为300，按Enter键确认；按Enter键，设置宽度套用长度；按Enter键，设置高度套用宽度，绘制一个边长为300的立方体，如图4-64所示。

步骤02 单击"从物件建立曲线"工具组中的"复制边缘/复制网格边缘"工具 ，在立方体棱线上单击将其选中，如图4-65所示。

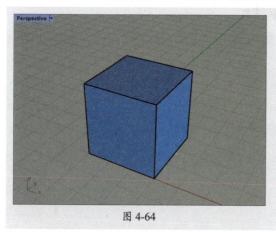

图 4-64

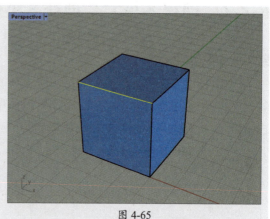

图 4-65

步骤03 继续单击其他棱线直至全部选中，如图4-66所示。

步骤04 按Enter键完成复制，如图4-67所示。

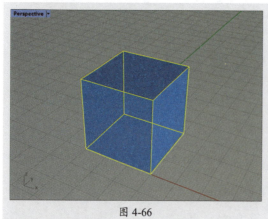

图 4-66

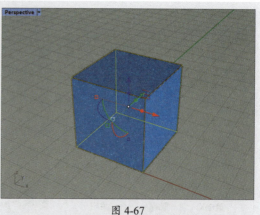

图 4-67

步骤05 选中立方体,按Ctrl+H组合键将其隐藏,效果如图4-68所示。

至此,完成立方体棱线的复制。

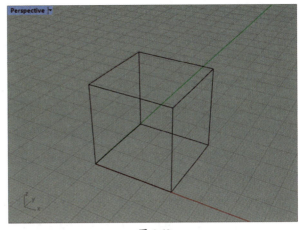

图 4-68

4.3.2 投影曲线——将曲线投影至物件上

投影曲线是指将曲线或点投影到曲面上,在曲面上创建曲线或点。

单击侧边工具栏中的"投影曲线或控制点"工具 或执行"曲线"|"从物件建立曲线"|"投影"命令,选择要投影的曲线或点,右击确认;选择要投影至其上的曲面、多重曲面、细分物件和网格,右击确认,即可投影曲线,如图4-69、图4-70所示。

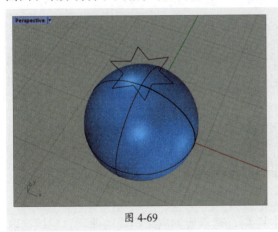

图 4-69

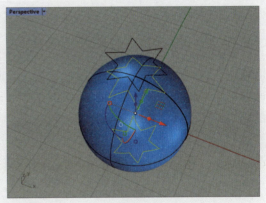

图 4-70

使用该工具时,命令行中的指令如下:

指令:_Project
选取要投影的曲线或点物件(松弛(L)=否 删除输入物件(D)=否 目的图层(O)=目前的 方向(I)=工作平面Z)
选取要投影的曲线或点物件,按Enter完成(松弛(L)=否 删除输入物件(D)=否 目的图层(O)=目前的 方向(I)=工作平面Z)
选取要投影至其上的曲面、多重曲面、细分物件和网格(松弛(L)=否 删除输入物件(D)=否 目的图层(O)=目前的 方向(I)=工作平面Z)

命令行中部分选项的作用如下。

● **松弛**:选择该选项后,可以将编辑点朝向构造平面投影到曲面上。

- **目的图层：** 用于指定命令结果所在的图层，包括输入物件、目前的、目标物件3个选项。
- **方向：** 用于指定投影的方向。

4.3.3 复制边缘——复制物件边缘曲线

复制边缘是指复制曲面或网格边的边缘从而创建曲线。单击"从物件建立曲线"工具组中的"复制边缘/复制网格边缘"工具 ，在要复制的边缘上单击将其选中，右击确认即可，如图4-71、图4-72所示。

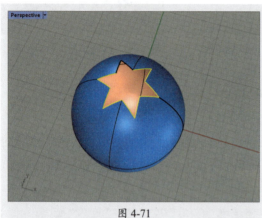

图 4-71

图 4-72

除了"复制边缘/复制网格边缘"工具 外，Rhino中还有"复制边框" 和"复制面的边框" 两种复制边框的工具。使用"复制边框"工具 ，可以复制开放曲面、多边形曲面、图案填充或网格的边界从而创建曲线；使用"复制面的边框"工具 可以复制多重曲面边界从而创建曲线。

4.3.4 抽离结构线——提取物件的结构线

使用抽离结构线命令可以在曲面上的指定位置复制曲线。单击"从物件建立曲线"工具组中的"抽离结构线/移动抽离的结构线"工具 ，选取要抽离结构线的曲面，然后选取要抽离的结构线，右击确认即可，如图4-73、图4-74所示。

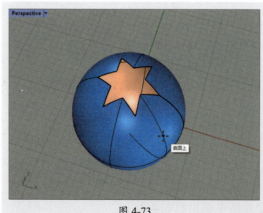

图 4-73

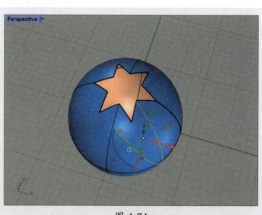

图 4-74

使用该工具时，命令行中的指令如下：

指令：_ExtractIsoCurve
选取要抽离结构线的曲面
选取要抽离的结构线（方向（D）=U 切换（T）全部抽离（X）不论修剪与否（I）=否）
指定要抽离结构线的位置，按 Enter 完成（方向（D）=U 切换（T）全部抽离（X）不论修剪与否（I）=否）

命令行中部分选项的作用如下：
- **方向：** 用于设置抽离结构线的方向，包括U方向、V方向以及两方向3个选项。
- **切换：** 用于切换方向。
- **不论修剪与否：** 用于确定是否忽略或考虑曲面修剪。

4.4 编辑曲线

使用"曲线工具"工具组中的工具，可以对曲线进行变形、延伸、偏移、混接、重建等操作。本小节将对此进行介绍。

4.4.1 案例解析——绘制花形曲线

在学习编辑曲线知识之前，先通过一个实操案例了解曲线的编辑方法与技巧。本例将利用"曲线圆角"工具 和"偏移曲线"工具 绘制花形曲线效果。

步骤01 打开Rhino软件，单击侧边工具栏中的"多边形：中心点、半径"工具，在命令行中单击"边数"选项，设置边数为10，按Enter键确认；单击"星形"选项，在命令行中输入0，设置星形中心点为工作平面原点，按Enter键确认，此时视图中将出现中心点，在Top视图中单击确定星形的角；在合适位置再次单击，确定星形的第二个半径，绘制的星形如图4-75所示。

步骤02 右击"曲线工具"工具组中的"曲线圆角/曲线圆角（重复执行）"工具，单击命令行中的"半径"选项，设置圆角半径为20，按Enter键确认；在Top视图中选取要建立圆角的第一条曲线，然后在要建立圆角的第二条曲线上单击，创建的圆角如图4-76所示。

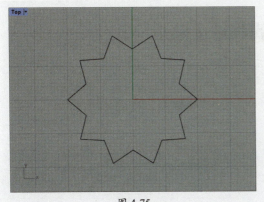
图 4-75

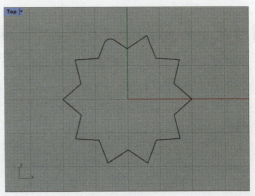
图 4-76

步骤 03 重复上面操作，将其他尖角转换为圆角，效果如图4-77所示。按Enter键确认。

步骤 04 选中曲线，单击"曲线工具"工具组中的"偏移曲线"工具，单击命令行中的"距离"选项，设置偏移距离为100，按Enter键确认；在视图中移动光标至曲线外侧，如图4-78所示。

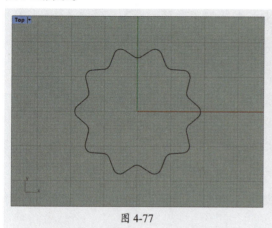
图 4-77

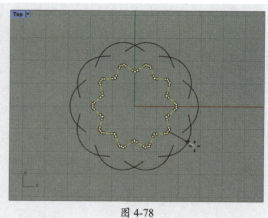
图 4-78

步骤 05 设置曲线向外偏移，效果如图4-79所示。

步骤 06 使用相同的方法设置曲线向内偏移100，效果如图4-80所示。

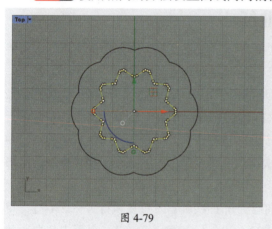
图 4-79

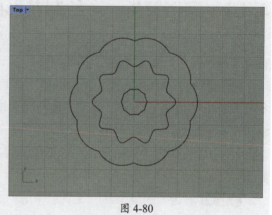
图 4-80

至此，完成花形曲线的绘制。

4.4.2 控制曲线上的点——编辑物件上的点

曲线上的控制点一般有3种：控制点、节点和编辑点。通过这3种控制点，可以对曲线进行调整。执行"编辑"|"控制点"命令，在其子菜单中可以选择命令编辑曲线上的点，如图4-81所示。

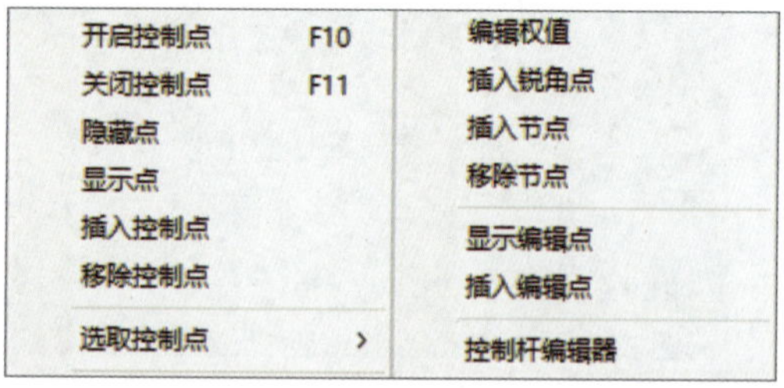

图 4-81

用户也可以单击侧边工具栏中"显示物件控制点/关闭点"工具右下角的"弹出点的编辑"按钮,打开"点的编辑"工具组,选择合适的工具来编辑点,如图4-82所示。

图 4-82

下面将对常用的控制点和编辑点进行介绍。

1. 控制点

曲线绘制完成后,用户可以显示其控制点,并通过调整控制点调整曲线。

单击侧边工具栏中的"显示物件控制点/关闭点"工具,执行"编辑"|"控制点"|"开启控制点"命令,或按F10键,选择要显示控制点的物件,右击即可显示其控制点,如图4-83、图4-84所示。

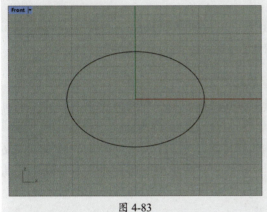

图 4-83

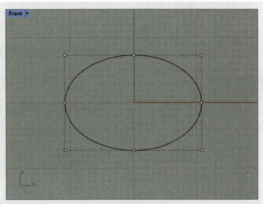

图 4-84

选择控制点,进行移动等操作,即可改变曲线,如图4-85、图4-86所示。

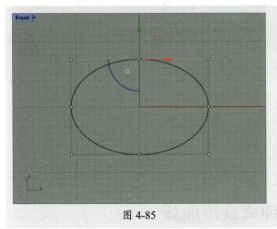

图 4-85

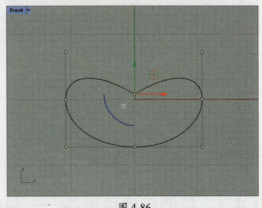

图 4-86

在编辑曲线时,可以为曲线添加控制点,以便更好地控制曲线。单击"点的编辑"工具组中的"插入一个控制点"工具或执行"编辑"|"控制点"|"插入控制点"命令,在

选取的曲线上设置插入控制点的位置即可，如图4-87、图4-88所示。

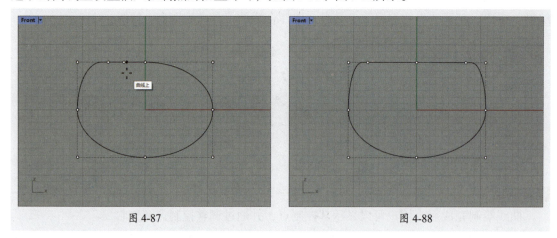

图 4-87　　　　　　　　　　　　图 4-88

若想移除多余的控制点，单击"点的编辑"工具组中的"移除一个控制点"工具 或执行"编辑"|"控制点"|"移除控制点"命令，然后选取要移除控制点的曲线，最后选择要移除的控制点即可。

若想关闭控制点，可以右击侧边工具栏中的"显示物件控制点"工具 ，执行"编辑"|"控制点"|"关闭控制点"命令，或按F11键。

2. 编辑点

除了控制点外，用户还可以通过编辑点调整曲线。与控制点不同，编辑点始终位于曲线上。单击侧边工具栏中的"显示曲线编辑点/关闭点"工具 或执行"编辑"|"控制点"|"显示编辑点"命令，选择物体，右击确认即可显示其编辑点，如图4-89所示。调整编辑点位置后，曲线形状也会发生改变，如图4-90所示。若想关闭编辑点，右击侧边工具栏中的"显示曲线编辑点/关闭点"工具 即可。

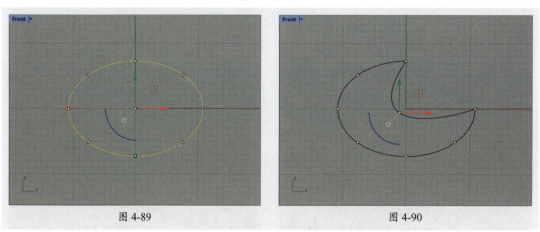

图 4-89　　　　　　　　　　　　图 4-90

4.4.3　延伸与连接曲线——延伸或连接曲线

在Rhino软件中，若想沿着曲线方向延伸或缩短曲线，可以通过"延伸"工具组实现。单击"曲线工具"工具栏组中"延伸曲线"工具 右下角的"弹出延伸"按钮 ，即可打开"延伸"工具组,如图4-91所示。该工具组中常用选项的作用如下。

- "延伸曲线"工具 ▭┈┈ :用于延长或缩短曲线。
- "连接"工具 ⊤ :用于延伸和修剪曲线,使其在端点处相交。
- "以直线延伸"工具 ▱ :用于与选中曲线相切的直线延伸曲线。

除了可以通过"曲线工具"工具栏组中的工具延伸曲线外,用户还可以在选择"标准"工具栏组的情况下,单击侧边工具栏中"曲线圆角"工具 ⌐ 右下角的"弹出曲线工具" ▲ 按钮,打开"曲线工具"工具组,选择其中的工具进行设置,如图4-92所示。

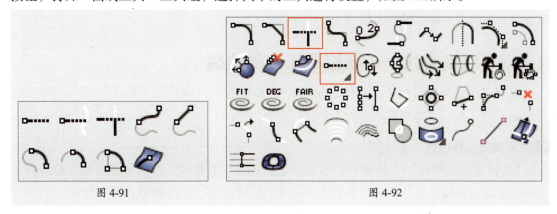

图 4-91　　　　　　　　　　　　　　　图 4-92

4.4.4　偏移曲线——使曲线偏移

偏移曲线是指将曲线按照指定的距离复制。单击"曲线工具"工具组中的"偏移曲线"工具 ▱ 或执行"曲线"|"偏移"|"偏移曲线"命令,根据命令行中的指令,选择要偏移的曲线,然后设置偏移侧即可,如图4-93、图4-94所示。

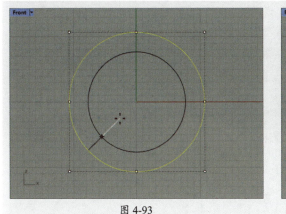
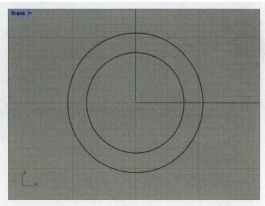

图 4-93　　　　　　　　　　　　　　　图 4-94

偏移曲线时,命令行中的指令如下:

```
指令:_Offset
选取要偏移的曲线(距离(D)=0.5 松弛(L)=否 角(C)=锐角 通过点(T)修剪(R)=是
公差(O)=0.01 两侧(B)与工作平面平行(I)=否 加盖(A)=圆头)
偏移侧(距离(D)=0.5 松弛(L)=否 角(C)=锐角 通过点(T)修剪(R)=是 公差(O)
=0.01 两侧(B)与工作平面平行(I)=否 加盖(A)=圆头)
```

该命令行中部分选项的作用如下。
- **距离**：用于设置偏移的距离。
- **角**：用于设置偏移曲线的角。
- **通过点**：选择该选项，将通过设置偏移曲线的通过点偏移曲线。
- **修剪**：用于设置偏移曲线后是否修剪多余的线条。
- **加盖**：用于设置开放曲线偏移后是否加盖。

若想一次性偏移多次，可右击"偏移曲线"工具 或单击"多次偏移"工具 ，根据命令行中的指令设置偏移次数。

4.4.5 混接曲线——连接不相接的曲线

混接曲线是指连接两条不相接的曲线。Rhino中有"可调式混接曲线" 和"弧形混接" 两种工具，下面将对这两种工具进行介绍。

1. "可调式混接曲线"工具

"可调式混接曲线"工具 可以在曲线之间创建混合曲线，并控制其与输入曲线的连续性。单击"曲线工具"工具栏组中的"可调式混接曲线"工具 或执行"曲线"|"混接曲线"|"可调式混接曲线"命令，根据命令行中的指令，选取要混接的曲线，在弹出的"调整曲线混接"对话框中进行设置，如图4-95所示。设置完成后单击"确定"按钮，即可混接曲线，如图4-96所示。

图 4-95

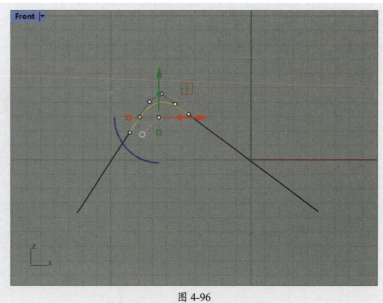

图 4-96

该对话框中部分选项的作用如下。
- **连续性**：用于设置过渡曲线和输入曲线或边之间的连续性。
- **反转**：用于反转指定曲线的方向。
- **修剪**：选择该复选框后，可以将输入曲线修剪为结果曲线。
- **组合**：选择该复选框后，将组合生成的曲线。

2. "弧形混接"工具 S

"弧形混接"工具 S 可以创建一条过渡曲线，该曲线由两条曲线之间的圆弧组成，两条曲线的端点和凸起可调。

单击"曲线工具"工具栏组中的"弧形混接"工具 S 或执行"曲线"|"混接曲线"|"弧形混接"命令，根据命令行中的指令，依次选取第一条曲线的端点和第二条曲线的端点，即可在两个端点之间创建混接，如图4-97、图4-98所示。

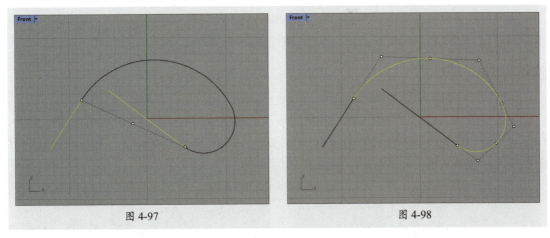

图 4-97　　　　　　　　　　图 4-98

4.4.6 重建曲线——重设曲线的点数和阶数

重建曲线可以重新设置选定曲线的点数和阶数，以便更好地调整曲线。单击"曲线工具"工具栏组中的"重建曲线"工具，根据命令行中的指令，选取要重建的曲线，右击确认，打开"重建"对话框设置参数，如图4-99所示。设置完成后单击"确定"按钮，结果如图4-100所示。

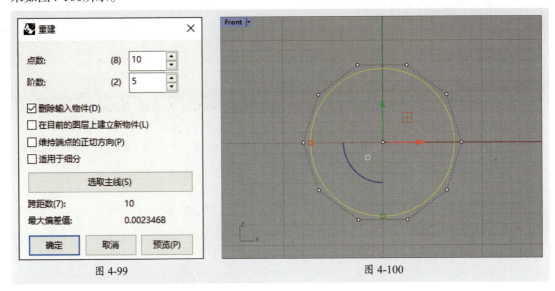

图 4-99　　　　　　　　　　图 4-100

"重建"对话框中部分选项的作用如下。

- **点数**：用于设置重建曲线的点数。

- **阶数：** 用于设置重建曲线的阶数。
- **维持端点的正切方向：** 选择该复选框后，若曲线是开放的、阶数为2以上、点数为4以上，则新曲线将与输入曲线的端点切线匹配。
- **最大偏差值：** 用于显示单击"预览"按钮时与原始曲线的最大偏差。

4.4.7 曲线倒角——制作圆角或倒角效果

倒角可以去除曲线上生硬的角，在使用Rhino制作模型时经常会用到这个操作。一般来说，倒角分为圆角和斜角两种方式，下面将对这两种方式进行介绍。

1. 曲线圆角

曲线圆角是指在两条曲线之间添加相切圆弧，并将曲线修剪或延伸到圆弧。

单击"曲线工具"工具组中的"曲线圆角"工具 或执行"曲线"|"曲线圆角"命令，根据命令行中的指令，依次选取要建立圆角的第一条曲线和第二条曲线，即可在选择的两条曲线之间创建圆角，如图4-101、图4-102所示。

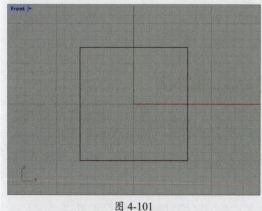
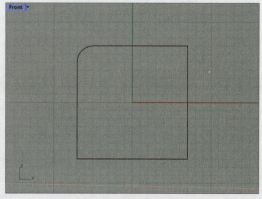

图 4-101　　　　　　　　　　　　　　图 4-102

创建曲线圆角时，命令行中的指令如下：

```
指令：_Fillet
选取要建立圆角的第一条曲线（半径（R）=2 组合（J）=否 修剪（T）=是 圆弧延伸方式（E）=圆弧 其他曲线延伸方式（X）=直线）
选取要建立圆角的第二条曲线（半径（R）=2 组合（J）=否 修剪（T）=是 圆弧延伸方式（E）=圆弧 其他曲线延伸方式（X）=直线）
```

命令行中部分选项的作用如下。
- **半径：** 用于设置圆角半径。
- **组合：** 用于设置是否组合圆角与曲线。

> **操作提示**
> 右击"曲线工具"工具组中的"曲线圆角/曲线圆角（重复执行）"工具 ，可以重复执行制作曲线圆角的操作。

2. 曲线斜角

曲线斜角与曲线圆角类似，但曲线斜角是在两条曲线之间创建一条线段，并修剪或延伸曲线以与该线段相交。

单击"曲线工具"工具组中的"曲线斜角"工具或执行"曲线"|"曲线斜角"命令，根据命令行中的指令，依次选取要建立斜角的第一条曲线和第二条曲线，即可在选择的两条曲线之间创建斜角，如图4-103、图4-104所示。

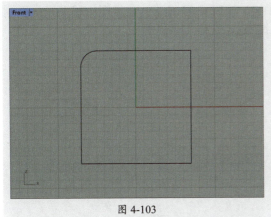
图 4-103

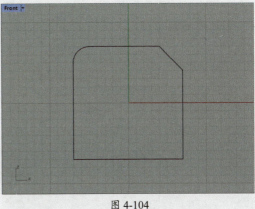
图 4-104

创建曲线斜角时，命令行中的指令如下：

指令: _Chamfer
选取要建立斜角的第一条曲线（距离（D）=10,10 组合（J）=否 修剪（T）=是 圆弧延伸方式（E）=圆弧 其他曲线延伸方式（X）=直线）
选取要建立斜角的第二条曲线（距离（D）=10,10 组合（J）=否 修剪（T）=是 圆弧延伸方式（E）=圆弧 其他曲线延伸方式（X）=直线）

命令行中部分选项的作用如下。
- **距离**：用于设置从曲线交点到倒角的距离。
- **组合**：用于设置是否组合斜角与曲线。

> **操作提示**
> 右击"曲线工具"工具组中的"曲线斜角"工具，即可一次性制作多个曲线斜角。

课堂实战 绘制手机模型二维图

本案例将通过绘制手机模型二维图以巩固前面学习的曲线知识，具体的操作过程介绍如下。

步骤 **01** 打开Rhino软件，单击"矩形"工具组中的"圆角矩形/圆锥角矩形"工具，在命令行中输入"0,0"设置第一角坐标，按Enter键确认；输入"59.6,123.8"设置第二角坐标,按Enter键确认;输入8设置圆角半径,按Enter键确认,绘制的圆角矩形如图4-105所示。

操作提示

坐标之间的逗号需在英文状态下输入。

步骤02 选中圆角矩形曲线,单击"曲线工具"工具组中的"偏移曲线"工具 ,再单击命令行中的"距离"选项,设置偏移距离为1.4,按Enter键确认;在视图中移动光标至圆角矩形曲线内侧并单击,向内偏移圆角矩形,如图4-106所示。

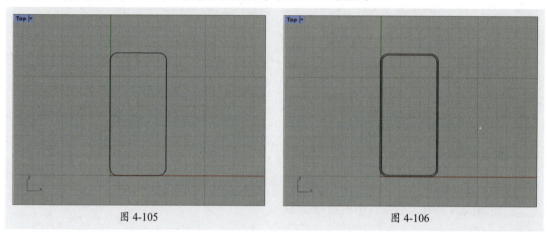

图 4-105　　　　　　　　　图 4-106

步骤03 单击侧边工具栏中的"圆:中心点、半径"工具 ,在命令行中输入"29.3,9.2"设置圆心坐标,按Enter键确认;输入5.5设置圆半径,按Enter键确认,绘制的圆如图4-107所示。

步骤04 单击侧边工具栏中的"矩形:角对角"工具 ,在命令行中输入"3.4,16.7"设置第一角坐标,按Enter键确认,输入"55.1,107.1"设置第二角坐标,按Enter键确认,绘制的矩形如图4-108所示。

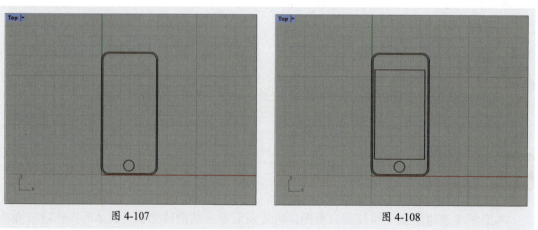

图 4-107　　　　　　　　　图 4-108

步骤 05 单击侧边工具栏中的"圆：中心点、半径"工具 ⊙，在命令行中输入"21.3,113"设置圆心坐标，按Enter键确认；输入2.2设置圆半径，按Enter键确认，绘制的圆如图4-109所示。

步骤 06 单击"矩形"工具组中的"圆角矩形/圆锥角矩形"工具 ▢，在命令行中输入"23.9,111.85"设置第一角坐标，按Enter键确认；输入"34.7,114.15"设置第二角坐标，按Enter键确认；输入1.15设置圆角半径，按Enter键确认，绘制的圆角矩形如图4-110所示。

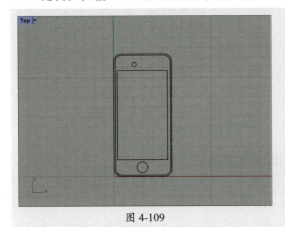
图 4-109

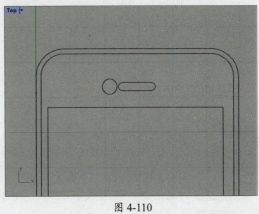
图 4-110

步骤 07 单击侧边工具栏中的"矩形：角对角"工具 ▭，在命令行中输入"39.3,123.8"设置第一角坐标，按Enter键确认；输入"@9.5,0.6"设置第二角坐标，按Enter键确认，绘制的矩形如图4-111所示。

步骤 08 单击"曲线工具"工具组中的"曲线斜角"工具 ◥，在命令行中单击"距离"选项，输入0.1后按Enter键确认；再次输入0.1按Enter键确认，设置斜角距离；在曲线上单击创建斜角，如图4-112所示。

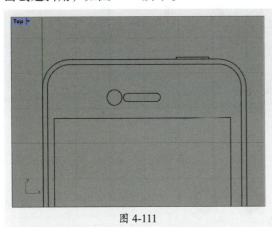
图 4-111

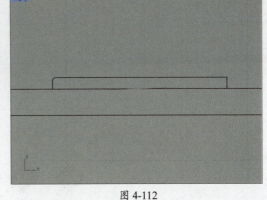
图 4-112

步骤 09 使用相同的方法继续绘制斜角，如图4-113所示。

步骤 10 单击侧边工具栏中的"矩形：角对角"工具 ▭，在命令行中输入"0,106.9"设置第一角坐标，按Enter键确认；输入"r-0.6,-6"设置第二角坐标，按Enter键确认，绘制的矩形如图4-114所示。

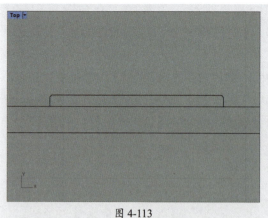
图 4-113

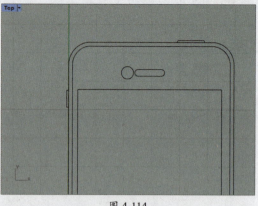
图 4-114

操作提示

坐标(r-0.6,-4.8)中的r和坐标（@9.5,0.6）中的@用于表示相对于上一点的坐标。

步骤 11 为新绘制的矩形设置倒角，如图4-115所示。

步骤 12 使用相同的方法绘制坐标为（0,95.3）和（r-0.6,-4.8）的矩形及坐标为（0,85）和（r-0.6,-4.8）的矩形，并为其设置倒角，完成后效果如图4-116所示。

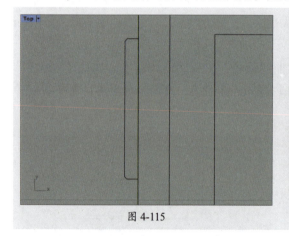
图 4-115

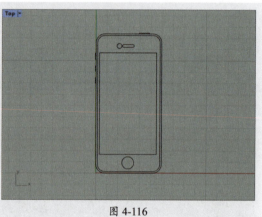
图 4-116

至此，完成手机模型二维图的绘制。

课后练习 绘制24寸计算机显示器二维图

下面将利用本章学习的知识绘制24寸计算机显示器二维图，如图4-117所示。

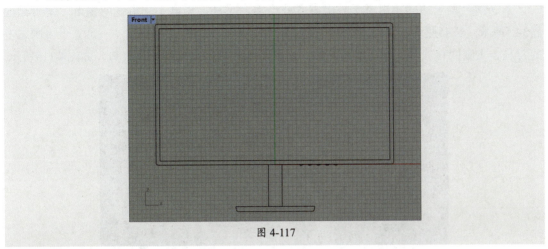

图 4-117

1. 技术要点

- 使用"矩形：角对角"工具□、"圆：中心点、半径"工具⊙等绘制显示器基本图形。
- 通过"修剪/取消修剪"工具等修剪图形。
- 设置圆角效果。

2. 分步演示

演示步骤如图4-118所示。

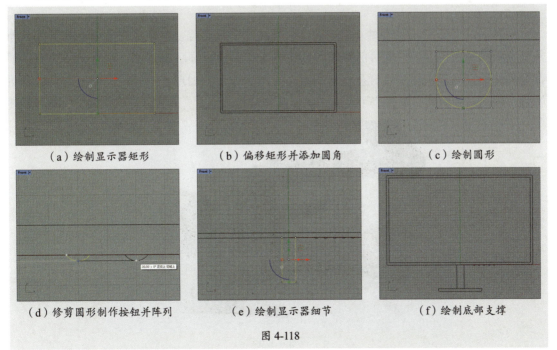

（a）绘制显示器矩形　　（b）偏移矩形并添加圆角　　（c）绘制圆形

（d）修剪圆形制作按钮并阵列　　（e）绘制显示器细节　　（f）绘制底部支撑

图 4-118

拓展赏析

青铜器之东汉铜奔马

东汉铜奔马于1969年出土于甘肃省武威市雷台汉墓，现藏于甘肃省博物馆。铜奔马通高34.5厘米，长45厘米，宽13.1厘米，重7.3千克，其造型为一三足腾空、一足立于飞鹰之上的奔马，飞鹰回首惊顾，奔马急速向前，显示了一种奔涌向前的豪迈气势，如图4-119所示。

图 4-119

铜奔马的铸造工艺在当时非常先进，它是通过分范合铸，即马身、马腿及蹄下鸟形等部分分别铸造后再合铸形成目前我们所见的整体造型，如图4-120所示。铜奔马结合力学平衡原理，使奔马呈现出一种轻盈稳定的状态，动感十足，展现了中国古代手工艺人的聪明智慧；奔马飞奔向前，更代表了汉王朝的强盛与富足。

图 4-120

第 5 章

曲面造型的绘制

内容导读

本章将对曲面造型的绘制进行讲解，内容包括指定三或四个角建立曲面、以平面曲线建立曲面、矩形平面、挤出平面、旋转成形等绘制基本曲面的方式，以及放样、嵌面、扫掠等绘制复杂曲面的方式等。

思维导图

曲面造型的绘制

绘制基本曲面
- 指定三或四个角建立曲面——通过指定角绘制曲面
- 以平面曲线建立曲面——通过平面曲线绘制曲面
- 矩形平面——绘制矩形平面
- 以二、三或四个边缘曲线建立曲面——通过边缘曲线绘制曲面
- 挤出平面——通过挤出绘制曲面
- 旋转成形——通过旋转绘制曲面

绘制复杂曲面
- 放样——通过定义曲面轮廓绘制曲面
- 嵌面——补全曲面
- 扫掠——通过横截面曲线和路径绘制曲面
- 在物件上产生布帘曲面——绘制布帘曲面效果

5.1 绘制基本曲面

Rhino支持多种方式绘制曲面,如通过平面曲线建立曲面、挤出、旋转成形等。本小节将对此进行讲解。

5.1.1 案例解析——制作陶瓷花瓶模型

在学习基本曲面的绘制之前,先通过一个实操案例来了解曲面的绘制方法与流程。本例将利用"旋转成形/沿着路径旋转"工具💡制作陶瓷花瓶模型,具体的操作过程如下。

步骤01 打开Rhino软件,单击侧边工具栏中的"控制点曲线/通过数个点的曲线"工具,在Front视图中的合适位置绘制曲线,如图5-1所示。

步骤02 单击"建立曲面"工具组中的"旋转成形/沿着路径旋转"工具💡,开启物件锁点功能捕捉端点;移动鼠标指针至曲线底部端点处并单击,设置旋转轴起点;按住Shift键在竖直方向上单击,设置旋转轴终点,如图5-2所示。

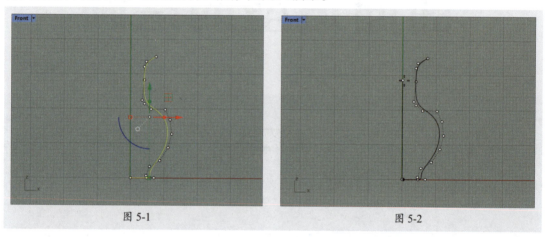

图 5-1　　　　　　　　　　　　图 5-2

步骤03 保持默认设置,按Enter键两次,创建起始角度为0、旋转角度为360的旋转曲面,如图5-3所示。

步骤04 切换至Perspective视图,选中物件后,右击侧边工具栏中的"分析方向/反转方向"工具,翻转法线方向,效果如图5-4所示。

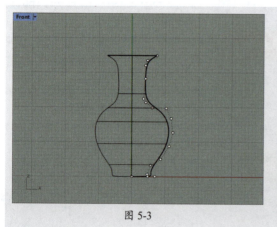

图 5-3　　　　　　　　　　　　图 5-4

至此，完成花瓶模型的制作。

5.1.2 指定三或四个角建立曲面——通过指定角绘制曲面

使用"指定三或四个角建立曲面"工具 可以通过设置三或四个角点的位置建立曲面。单击侧边工具栏中的"指定三或四个角建立曲面" 工具或执行"曲面"|"角点"命令，根据命令行中的指令，依次设置曲面的第一角、第二角、第三角和第四角的位置，即可创建曲面，如图5-5、图5-6所示。

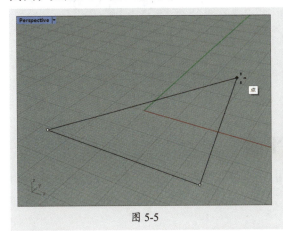

图 5-5

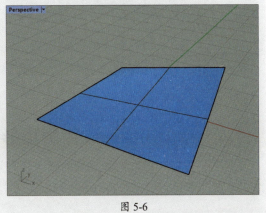

图 5-6

操作提示

创建完第三点后，右击或按Enter键确认即可以三点建立曲面。

5.1.3 以平面曲线建立曲面——通过平面曲线绘制曲面

若文档中存在平面曲线，用户可以直接从平面曲线生成曲面。单击侧边工具栏中"指定三或四个角建立曲面"工具右下角的"弹出建立曲面"按钮，打开"建立曲面"工具组 ，如图5-7所示。单击该工具组中的"以平面曲线建立曲面"工具 或执行"曲面"|"平面曲线"命令，根据命令行中的指令，选取要建立曲面的平面曲线，右击确认，结果如图5-8所示。

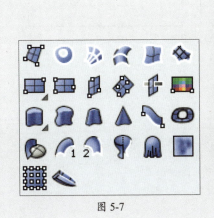

图 5-7

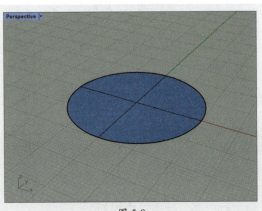

图 5-8

若选中的平面曲线有重叠的部分，则每条曲线形成独立的平面，如图5-9所示。若选中的一条平面曲线完全在另一条曲线内部，则会形成洞，如图5-10所示。

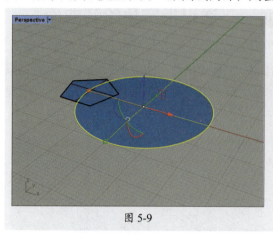
图 5-9

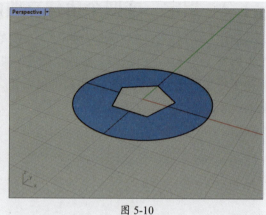
图 5-10

5.1.4 矩形平面——绘制矩形平面

矩形平面是一种常见的基础曲面，用户可以通过角对角、三点、垂直等多种方式绘制矩形平面。下面将对此进行介绍。

1. 角对角矩形平面

角对角矩形平面是指通过两个相对的角绘制矩形平面。单击"建立曲面"工具组中的"矩形平面：角对角"工具或执行"曲面"|"平面"|"角对角"命令，根据命令行中的指令，依次设置平面的第一角和另一角或长度，即可创建矩形平面，如图5-11、图5-12所示。

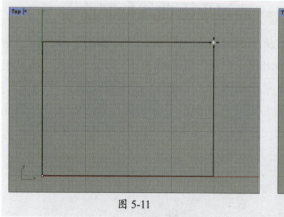
图 5-11

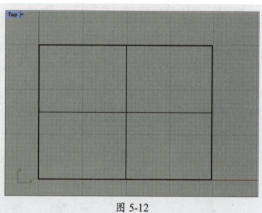
图 5-12

使用该工具时，命令行中的指令如下：

指令：_Plane
平面的第一角（三点（P）垂直（V）中心点（C）环绕曲线（A）可塑形的（D））
另一角或长度（三点（P））

该命令行中部分选项的作用如下。

- **三点**：选择该选项，将通过3点绘制矩形平面。
- **垂直**：选择该选项，将绘制与当前构造平面垂直的矩形平面。
- **中心点**：选择该选项，将从中心点绘制矩形平面。
- **环绕曲线**：选择该选项，将绘制与选择曲线垂直的矩形平面。

2. 三点矩形平面

使用三点矩形平面工具可以通过设置矩形平面两个相邻的角点和对边上的一个点创建矩形平面。单击"建立曲面"工具组 中的"矩形平面：三点"工具 或执行"曲面"|"平面"|"三点"命令，根据命令行中的指令，依次设置边缘起点、边缘终点、宽度，即可创建矩形平面，如图5-13、图5-14所示。

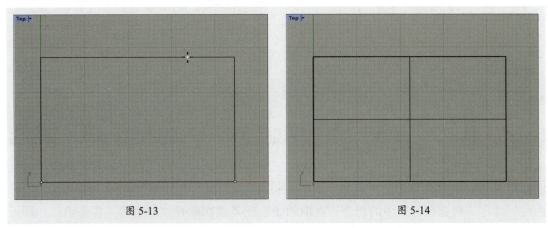

图 5-13　　　　　　　　　　　图 5-14

3. 垂直平面

垂直平面是指与构造平面垂直的矩形平面。单击"建立曲面"工具组 中的"垂直平面"工具 或执行"曲面"|"平面"|"垂直"命令，根据命令行中的指令，依次设置边缘起点、边缘终点及高度，即可创建垂直平面，如图5-15、图5-16所示。

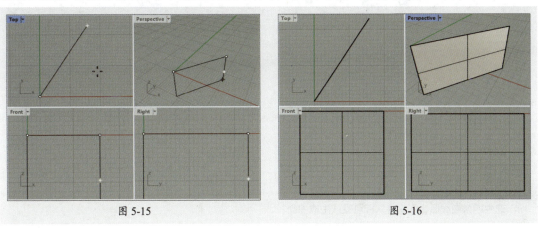

图 5-15　　　　　　　　　　　图 5-16

4. 逼近数个点的平面

逼近数个点的平面是指通过点对象、控制点、网格顶点或点云拟合出的矩形平面，使用该方法创建矩形平面时，需要多个点。

使用"单点/多点"工具创建多个点物件,如图5-17所示。单击"建立曲面"工具组中的"逼近数个点的平面"工具或执行"曲面"|"平面"|"通过数个点"命令,根据命令行中的指令,选取平面要逼近的点、点云或网格,右击确认,即可根据选择的点创建矩形平面,如图5-18所示。

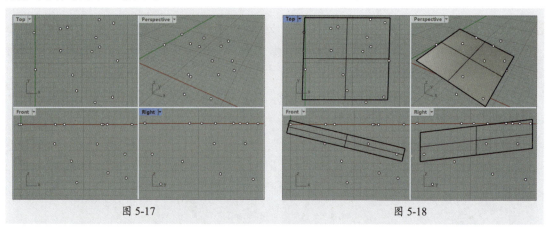

图 5-17　　　　　　　　　　　　　图 5-18

5.1.5　以二、三或四个边缘曲线建立曲面——通过边缘曲线绘制曲面

使用"边缘曲线"命令可以通过两条、三条或四条选定的曲线创建曲面。单击"建立曲面"工具组中的"以二、三或四个边缘曲线建立曲面"工具或执行"曲面"|"边缘曲线"命令,根据命令行中的指令,选取两条、三条或四条开放的曲线,右击确认,即可根据选中的曲线创建曲面,如图5-19、图5-20所示。

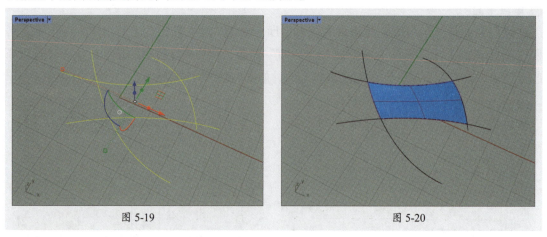

图 5-19　　　　　　　　　　　　　图 5-20

操作提示

选中四条曲线后,不需确认即可默认生成曲面。

5.1.6　挤出平面——通过挤出绘制曲面

挤出是Rhino中常用的一种创建曲面的方式,如直线挤出、沿着曲线挤出等。本小节将对此进行介绍。

1. 直线挤出

直线挤出是指通过沿直线跟踪曲线的路径来创建曲面。单击"建立曲面"工具组中的"直线挤出"工具 ▣ 或执行"曲面"|"挤出曲线"|"直线"命令，根据命令行中的指令，选取要挤出的曲线，右击确认，然后设置挤出长度，即可创建曲面，如图5-21、图5-22所示。

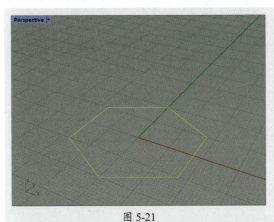
图 5-21

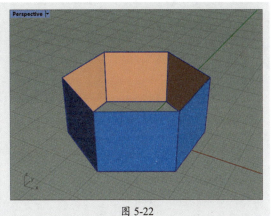
图 5-22

使用该方法挤出曲面时，命令行中的指令如下：

指令：_ExtrudeCrv
选取要挤出的曲线：_Pause
选取要挤出的曲线
选取要挤出的曲线，按 Enter 完成
挤出长度 <138>（输出为（O）=曲面 方向（D）两侧（B）=否 实体（S）=否 删除输入物件（L）=否 至边界（T）设定基准点（A））：_Solid=_No
挤出长度 <138>（输出为（O）=曲面 方向（D）两侧（B）=否 实体（S）=否 删除输入物件（L）=否 至边界（T）设定基准点（A））

命令行中部分选项的作用如下。
- **方向：** 用于设置挤出方向。
- **两侧：** 选择该选项后，将从当前曲线向两侧挤出。
- **实体：** 当使用平面闭合曲线挤出时，选择该选项将挤出闭合的多边形曲面。
- **至边界：** 选择该选项后，可将曲线挤出至选定的边界。
- **设定基准点：** 用于选择一个点作为设置拉伸距离的两个点中的第一个点。

2. 沿着曲线挤出

若想使挤出的曲面具有更多的造型，可以选择"沿着曲线挤出"工具 ▣ 挤出曲面。

单击"建立曲面"工具组中的"沿着曲线挤出"工具 ▣ 或执行"曲面"|"挤出曲线"|"沿着曲线"命令，根据命令行中的指令，选取要挤出的曲线，右击确认，然后选取路径曲线，在靠近起点处挤出，即可创建曲面，如图5-23、图5-24所示。

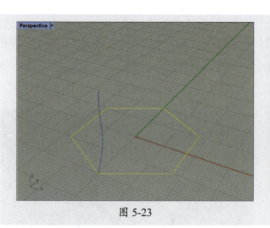

图 5-23

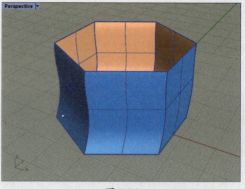

图 5-24

使用该方法挤出曲面时,命令行中的指令如下:

指令:_ExtrudeCrvAlongCrv
选取要挤出的曲线:_Pause
选取要挤出的曲线
选取要挤出的曲线,按 Enter 完成
选取路径曲线在靠近起点处(输出为(O)=曲面 实体(S)=否 删除输入物件(D)=否 子曲线(U)=否 至边界(T)分割正切点(P)=否):_Solid=_No
选取路径曲线在靠近起点处(输出为(O)=曲面 实体(S)=否 删除输入物件(D)=否 子曲线(U)=否 至边界(T)分割正切点(P)=否):_SubCurve=_No
选取路径曲线在靠近起点处(输出为(O)=曲面 实体(S)=否 删除输入物件(D)=否 子曲线(U)=否 至边界(T)分割正切点(P)=否)

在该命令行中若选择"子曲线"选项,需要沿曲线拾取两点以指定的距离挤出曲线。注意的是,挤出的曲面从选取曲线的起点开始,而不是从第一个拾取点开始。拾取点仅用于建立拉伸距离。

3. 挤出至点

挤出至点是指将曲线挤出,直至曲面收缩于一点。单击"建立曲面"工具组中的"挤出至点"工具▲或执行"曲面"|"挤出曲线"|"至点"命令,根据命令行中的指令,选取要挤出的曲线,右击确认,然后设置要挤出的目标点,即可创建曲面,如图5-25、图5-26所示。

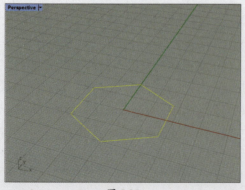

图 5-25

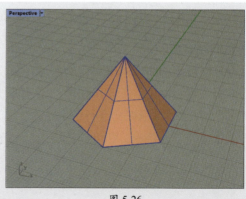

图 5-26

4. 彩带

使用"彩带"命令可以偏移曲线并在两条曲线之间创建直纹曲面。单击"建立曲面"工具组中的"彩带"工具或执行"曲面"|"挤出曲线"|"彩带"命令，根据命令行中的指令，选取要建立彩带的曲线，然后设置偏移侧，即可创建曲面，如图5-27、图5-28所示。

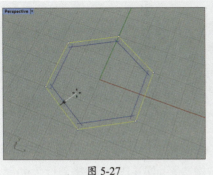
图 5-27

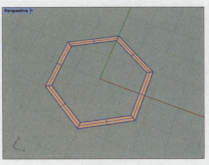
图 5-28

使用该方法挤出曲面时，命令行中的指令如下：

指令: _Ribbon
选取要建立彩带的曲线（距离（D）=30 松弛（L）=否 角（C）=锐角 通过点（T）修剪（R）=是 公差（O）=0.01 两侧（B）与工作平面平行（I）=否）
偏移侧（距离（D）=30 松弛（L）=否 角（C）=锐角 通过点（T）修剪（R）=是 公差（O）=0.01 两侧（B）与工作平面平行（I）=否）

命令行中部分选项的作用如下。
- **距离：**用于设置曲线偏移的距离。
- **角：**用于指定如何处理偏移角点的连续性，包括锐角、圆角、平滑、斜角和无5个选项。这些选项仅适用于偏移方向为"外侧"的情况。
- **通过点：**选择该选项后，将通过设置偏移曲面的通过点创建曲面。

5. 挤出曲线成锥状

挤出曲线成锥状是指将曲线以指定的拔模斜度向内或向外逐渐变细，从而创建曲面。

单击"建立曲面"工具组中的"挤出曲线成锥状"工具或执行"曲面"|"挤出曲线"|"锥状"命令，根据命令行中的指令，选取要挤出的曲线，右击确定，然后设置挤出长度，即可创建曲面，如图5-29、图5-30所示。

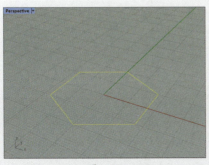
图 5-29

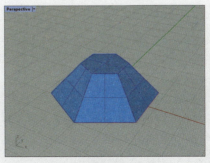
图 5-30

使用该方法挤出曲面时，命令行中的指令如下：

指令：_ExtrudeCrvTapered
选取要挤出的曲线：_Pause
选取要挤出的曲线
选取要挤出的曲线，按 Enter 完成
挤出长度 <118>（方向(D) 拔模角度（R）=20 实体（S）=是 角（C）=平滑 删除输入物件（L）=否 反转角度（F）至边界（T）设定基准点（B））：_Solid=_Yes
挤出长度 <118>（方向（D）拔模角度（R）=20 实体（S）=是 角（C）=平滑 删除输入物件（L）=否 反转角度（F）至边界（T）设定基准点（B））

命令行中部分选项的作用如下。
- **拔模角度：** 用于指定锥度的拔模斜度。拔模斜度取决于构造平面方向。当曲面与构造平面垂直时，拔模斜度为0；当曲面与构造平面平行时，拔模斜度为90度。
- **反转角度：** 选择该选项后，将切换拔模斜度方向。

5.1.7　旋转成形——通过旋转绘制曲面

旋转成形是指将轮廓曲线围绕设定的旋转轴旋转来创建曲面。这是Rhino中经常使用的曲面创建方法。单击"建立曲面"工具组中的"旋转成形/沿着路径旋转"工具 或执行"曲面"|"旋转"命令，根据命令行中的指令，选取要旋转的曲线，右击确认，设置旋转轴的起点和终点，再设置起始角度和旋转角度即可，如图5-31、图5-32所示。

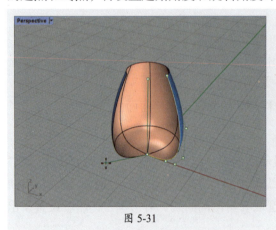

图 5-31　　　　　　　　　　图 5-32

使用该工具时，命令行中的指令如下：

指令：_Revolve
选取要旋转的曲线
选取要旋转的曲线，按 Enter 完成
旋转轴起点
旋转轴终点（按 Enter 使用工作平面 Z 轴的方向）
起始角度 <0>（输出为（O）=曲面 删除输入物件（D）=否 360度（F）设置起始角度（A）=是 分割正切点（S）=否 可塑形的（R）=否）

旋转角度 <360>（输出为（O）=曲面 删除输入物件（D）=否 360度（F）分割正切点（S）=否 可塑形的（R）=否）

命令行中部分选项的作用如下。
- **删除输入物件**：用于设置创建曲面后是否删除原曲线。
- **360度**：选择该选项，曲线旋转角度为360度。

> **操作提示**
> 使用"旋转成形"工具💡创建曲面时，若想避免出现顶部或底部尖点，需要将顶部和相邻的控制点设置在同一直线上。

右击"建立曲面"工具组中的"旋转成形/沿着路径旋转"工具💡或执行"曲面"|"沿着路径旋转"命令，根据命令行中的指令，选取轮廓曲线和路径曲线，然后设置路径旋转轴的起点和终点，也可创建曲面。

5.2 绘制复杂曲面

通过放样、嵌面、扫掠等方式，可以绘制出更加复杂有趣的曲面。下面将对此进行介绍。

5.2.1 案例解析——制作皮圈模型

在学习复杂曲面的绘制知识之前，先通过一个实操案例来了解曲面的绘制方法与技巧。本例将利用"双轨扫掠"工具制作皮圈模型，具体的操作过程如下。

步骤01 打开Rhino软件，在Top视图中使用"圆：中心点、半径"工具⊙绘制一个半径为28的圆，如图5-33所示。

步骤02 执行"曲线"|"弹簧线"命令，单击命令行中的"环绕曲线"选项后选取正圆；单击命令行中的"圈数"选项，设置圈数为10，按Enter键确认；在命令行中输入4，按Enter键确认；在Top视图中单击确定起点，效果如图5-34所示。

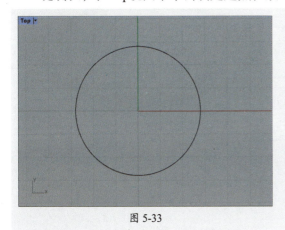

图 5-33

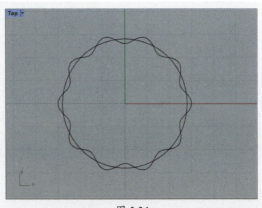

图 5-34

步骤03 切换至Front视图,使用"圆:中心点、半径"工具绘制一个圆心位于大圆右侧端点处、半径为2的圆,如图5-35所示。

步骤04 执行"曲线"|"弹簧线"命令,单击命令行中的"环绕曲线"选项后选取正圆;单击命令行中的"圈数"选项,设置圈数为10,按Enter键确认;在命令行中输入0.4,按Enter键确认;在Front视图中单击确定起点,效果如图5-36所示。

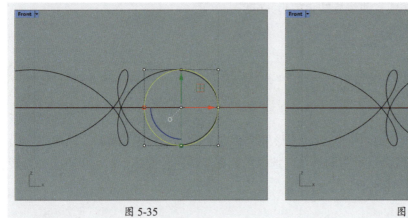

图 5-35　　　　　　　　　　　　　　图 5-36

步骤05 切换至Perspective视图,单击"建立曲面"工具组中的"双轨扫掠"工具,选取大圆和大螺旋线作为第一、第二条路径,选取小螺旋线作为断面曲线,设置曲线接缝点,按Enter键确认,打开"双轨扫掠选项"对话框,设置参数,如图5-37所示。

步骤06 单击"确定"按钮,效果如图5-38所示。

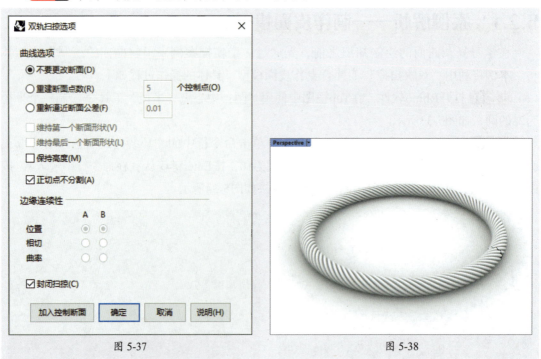

图 5-37　　　　　　　　　　　　　　图 5-38

至此,完成皮圈模型的制作。

5.2.2 放样——通过定义曲面轮廓绘制曲面

放样是指通过定义曲面形状的轮廓曲线创建曲面。单击侧边工具栏中"指定三或四个角建立曲面"工具右下角的"弹出建立曲面"按钮，在弹出的"建立曲面"工具组中单击"放样"工具，或执行"曲面"|"放样"命令，根据命令行中的指令，选取要放样的曲线，右击确认后设置曲线接缝点，再右击确认，在弹出的"放样选项"对话框中设置参数，如图5-39所示。设置完成后单击"确定"按钮即可，如图5-40所示。

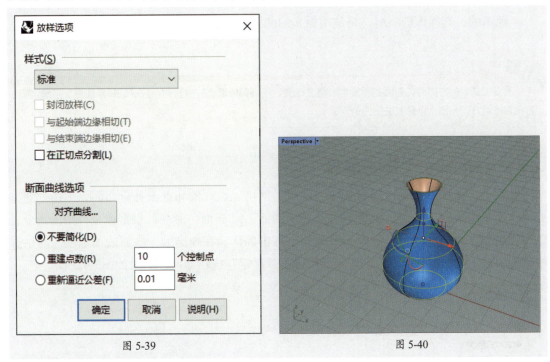

图 5-39　　　　　　　　　　　　　图 5-40

"放样选项"对话框中部分选项的作用如下。

- **样式**：用于确定曲面的节点和控制点结构，包括标准、松弛、紧绷、平直区段和均匀5个选项。
- **封闭放样**：选择该复选框后，将创建封闭的放样曲面。曲面在通过最后一条放样曲线后会绕回第一条放样曲线，但必须要有三条以上的放样曲线才可以使用这种方式。
- **与起始端边缘相切**：若起始端曲线是曲面边缘，则放样曲面与相邻曲面保持相切。至少使用三条曲线才能激活此选项。
- **与结束端边缘相切**：若结束端曲线是曲面边缘，则放样曲面与相邻曲面保持相切。至少使用三条曲线才能激活此选项。
- **在正切点分割**：选择该复选框后，放样将创建单个曲面。
- **对齐曲线**：单击该按钮后，单击形状曲线的末端可以反转方向。
- **不要简化**：选择该选项后，将不会重建曲线。

放样曲面时，命令行中的指令如下：

指令: _Loft
选取要放样的曲线（点（P））

选取要放样的曲线（点（P））
选取要放样的曲线，按 Enter 完成（点（P））
移动曲线接缝点，按 Enter 完成（反转（F）自动（A）原本的（N）锁定到节点（S）=是）

命令行中部分选项的作用如下。
- **反转**：选择该选项，将翻转接缝线方向。
- **自动**：选择该选项，将自动对齐接缝点及曲线方向。
- **原本的**：选择该选项后，将使用原来的曲线接缝位置及曲线方向。

> **操作提示**
> 改变接缝点的方向时，曲面的质量也会随之改变。在设置接缝点的位置时，应保证每条曲线上接缝点的方向对齐且方向一致，以免发生扭曲的现象。

5.2.3 嵌面——补全曲面

使用"嵌面"命令可以通过选定的曲线、网格、点对象和点云补全曲面。单击"建立曲面"工具组中的"嵌面"工具 或执行"曲面"|"嵌面"命令，根据命令行中的指令，选取曲面要逼近的曲线、点、点云或网格，右击确认，在弹出的"嵌面曲面选项"对话框中设置参数，如图5-41所示。设置完成后单击"确定"按钮即可，结果如图5-42所示。

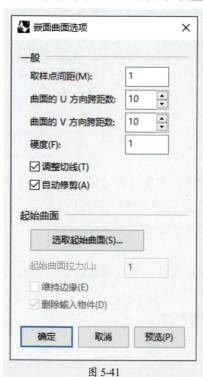
图 5-41

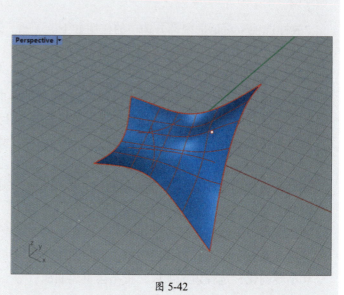
图 5-42

"嵌面曲面选项"对话框中部分选项的作用如下。
- **取样点间距**：用于设置取样点之间的距离。

- **曲面的U方向跨距数**：用于设置生成曲面的U方向跨度数量。
- **曲面的V方向跨距数**：用于设置生成曲面的V方向跨度数量。
- **硬度**：用于设置平面变形程度，数值越大越接近平面。
- **调整切线**：若输入曲线是现有曲面的边缘，选择该复选框后，将调整生成曲面的方向为与原曲面相切。
- **自动修剪**：选择该复选框后，生成曲面边缘以外的部分将被自动修剪掉。
- **选取起始曲面**：单击该按钮，可以选择形状与要创建的曲面。
- **起始曲面拉力**：类似于硬度，但仅适用于起始曲面。拉力值越大，生成的曲面形状就越接近起始曲面。

5.2.4 扫掠——通过横截面曲线和路径绘制曲面

扫掠是Rhino中非常实用的一种创建曲面的方法，包括单轨扫掠和双轨扫掠两种类型。下面将对此进行介绍。

1. 单轨扫掠

使用"单轨扫掠"命令可以使用一条或多条定义曲面横截面的轮廓曲，线沿一条路径曲线创建曲面。单击"建立曲面"工具组中的"单轨扫掠"工具 或执行"曲面"|"单轨扫掠"命令，根据命令行中的指令，依次选取路径和横截面曲线，右击确认，打开"单轨扫掠选项"对话框设置参数，如图5-43所示。设置完成后单击"确定"按钮，即可创建曲面，如图5-44所示。

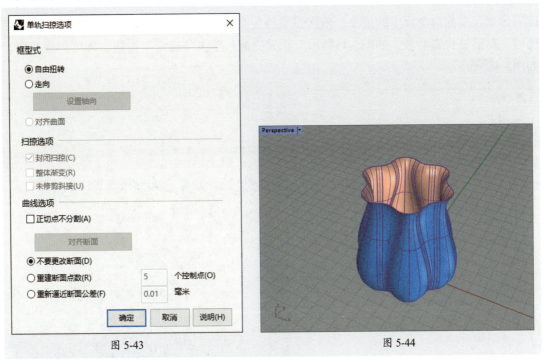

图 5-43　　　　　　　　　　　图 5-44

"单轨扫掠选项"对话框中部分选项的作用如下。

- **自由扭转**：选择该选项后，断面曲线将在整个扫掠过程中保持与其轨道的角度。

- **走向**：选择该选项后，将启用"设置轴向"按钮，单击该按钮即可设置轴的方向，以计算横截面的三维旋转。
- **对齐曲面**：选择该选项后，若轨道是曲面边，则横截面曲线将与曲面边一起扭曲；若形状与曲面相切，则新曲面也应相切。
- **封闭扫掠**：选择该选项后，将创建一个封闭的曲面。此选项仅在选择两条断面曲线后可用。
- **整体渐变**：选择该选项后，将创建从一条断面曲线到另一条断面曲线逐渐变细的扫掠。反之，扫掠将在末端保持不变，在中间变化更快。
- **未修剪斜接**：选择该选项后，若通过扫掠创建带有扭结的多重曲面，则组件曲面不会被修剪。
- **对齐断面**：当创建的扫掠曲面与其他曲面相连接时，单击该按钮可以保持扫掠曲面与其他曲面的连续性。
- **不要更改断面**：选择该选项后，将在不更改断面曲线的情况下创建扫掠。

> **操作提示**
> 单轨扫掠时，若选取的断面曲线是封闭曲线，还需要设置曲线接缝点。

2. 双轨扫掠

使用"双轨扫掠"命令可以通过一条或多条定义曲面横截面的轮廓曲线沿两条路径曲线创建曲面。单击"建立曲面"工具组中的"双轨扫掠"工具 或执行"曲面"|"双轨扫掠"命令，根据命令行中的指令，依次设置路径及断面曲线，右击确认，打开"双轨扫掠选项"对话框设置参数，如图5-45所示。设置完成后单击"确定"按钮，即可创建曲面，如图5-46所示。

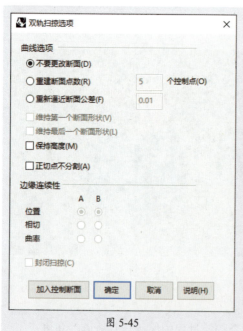

图 5-45

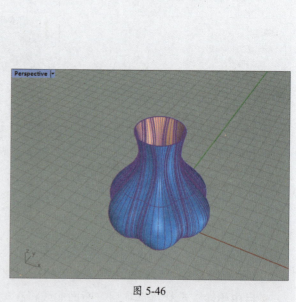

图 5-46

"双轨扫掠选项"对话框中部分选项的作用如下。
- **不要更改断面**：选择该选项，将在不改变断面曲线的情况下创建扫掠曲面。
- **重建断面点数**：在创建扫掠之前，重建断面曲线的控制点。
- **维持第一个断面形状**：使用正切或曲率连续计算扫掠曲面边缘的连续性时，曲面可能会远离断面曲线。该选项可以强制曲面匹配第一条断面曲线。
- **维持最后一个断面形状**：使用正切或曲率连续计算扫掠曲面边缘的连续性时，曲面可能会远离断面曲线。该选项可以强制曲面匹配最后一条断面曲线。
- **边缘连续性**：仅当轨道为曲面边缘且断面曲线无理时，即所有控制点权重均为1时，才启用该选项。精确的弧和椭圆段是有理的。

5.2.5 在物件上产生布帘曲面——绘制布帘曲面效果

在物件上产生布帘曲面是指通过在对象和投影到当前视口中的构建平面点的相交处定义的点创建曲面，制作出类似布帘悬垂的效果。单击"建立曲面"工具组中的"在物件上产生布帘曲面"工具，或执行"曲面"|"布帘"命令，根据命令行中的指令，框选要产生布帘的范围即可，如图5-47、图5-48所示。

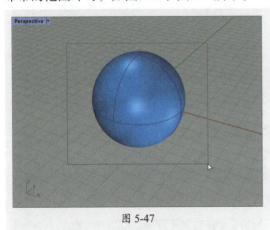 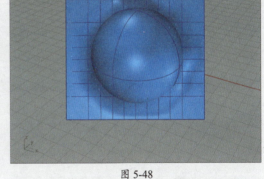

图 5-47　　　　　　　　　　　　　图 5-48

使用该工具时，命令行中的指令如下：

指令：_Drape
框选要产生布帘的范围（自动间距（A）=是　间距（S）=5　自动侦测最大深度（U）=是）

该命令行中部分选项的作用如下。
- **间距**：用于设置控制点的间距。数值越小，表面越密。
- **自动侦测最大深度**：若该选项为"是"，可以将叠加曲面停止在自动确定为矩形内最远可见点的位置；若该选项为否，则可自定义深度设置。

课堂实战 制作移动电源模型

本案例将通过制作移动电源模型以巩固前面所学的知识,具体的操作过程介绍如下。

步骤01 打开Rhino软件,选择"控制点曲线/通过数个点的曲线"工具,在Front视图中的合适位置绘制曲线,如图5-49所示。

步骤02 单击"建立曲面"工具组中的"旋转成形/沿着路径旋转"工具,开启物件锁点功能捕捉端点,移动鼠标指针至曲线顶部端点处并单击,设置旋转轴的起点;按住Shift键在竖直方向上单击,设置旋转轴的终点;保持默认设置按Enter键两次,创建起始角度为0、旋转角度为360的旋转曲面,如图5-50所示。

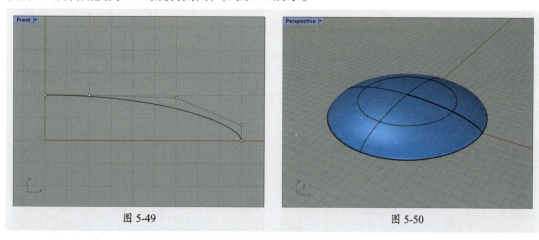

图5-49　　　　　　　　　图5-50

步骤03 单击"变动"工具栏组中的"镜像"工具,在命令行中单击X轴镜像曲面,并组合两个曲面为一个多重曲面,如图5-51所示。

步骤04 选中组合后的多重曲面,右击"复制/原地复制物件"工具原地复制曲面,并使用"三轴缩放/二轴缩放"工具三轴缩放复制的物件,如图5-52所示。

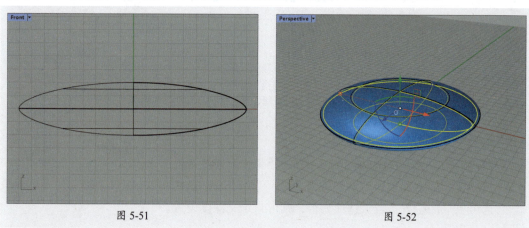

图5-51　　　　　　　　　图5-52

步骤05 使用"控制点曲线/通过数个点的曲线"工具在Top视图中绘制一条三阶四点的曲线,如图5-53所示。

步骤06 沿多重曲面中心点镜像曲线，如图5-54所示。

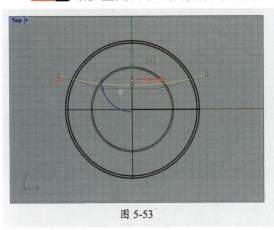
图 5-53

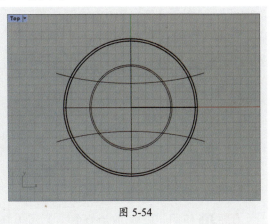
图 5-54

步骤07 使用"分割"工具分割两个多重曲面，并删除多余部分，如图5-55所示。

步骤08 单击侧边工具栏中"指定三或四个角建立曲面"工具右下角的"弹出建立曲面"按钮，在弹出的"建立曲面"工具组中单击"放样"工具，根据命令行中的指令单击分割后的曲面边缘，如图5-56所示。按Enter键打开"放样选项"对话框，保持默认设置后单击"确定"按钮放样曲面。

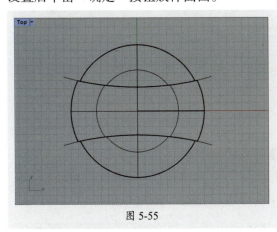
图 5-55

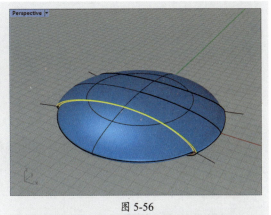
图 5-56

步骤09 使用相同的方法在其他边缘处创建放样曲面，并组合为一个多重曲面，如图5-57所示。

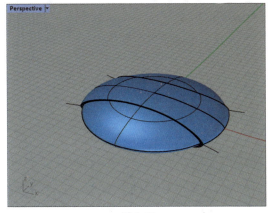
图 5-57

步骤10 使用"控制点曲线/通过数个点的曲线"工具 在Top视图中绘制一条三阶四点的曲线，再沿多重曲面中心点镜像曲线，如图5-58所示。

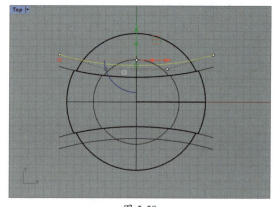

图 5-58

步骤11 使用"修剪/取消修剪"工具 修剪掉多余部分，如图5-59所示。

步骤12 复制修剪后的对象并缩放，如图5-60所示。

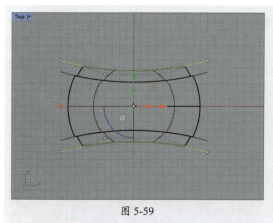

图 5-59　　　　　　　　　图 5-60

步骤13 使用"放样"工具 放样曲面连接两个多重曲面之间的缝隙，并组合所有曲面为一个多重曲面，如图5-61所示

步骤14 使用"复制边缘/复制网格边缘"工具 复制边缘，如图5-62所示。

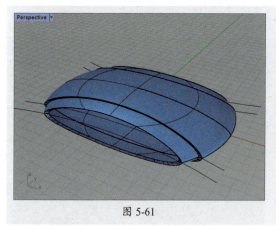 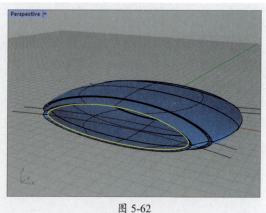

图 5-61　　　　　　　　　图 5-62

步骤15 启用物件锁点功能并选择"端点"复选框，在Top视图中使用"控制点曲线/通过数个点的曲线"工具 绘制曲线，如图5-63所示。

步骤16 使用"放样"工具 放样曲面，如图5-64所示。

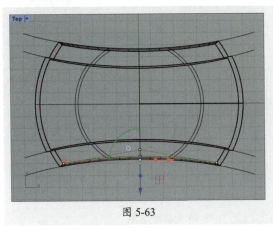

图 5-63

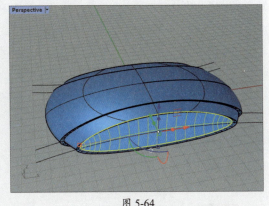

图 5-64

步骤17 选中除新放样曲面以外的所有物件，按Ctrl+H组合键隐藏。单击"建立曲面"工具组中的"直线挤出"工具 ，选取曲面轮廓线，在命令行中单击"方向"选项，在Top视图中绘制直线，定位挤出方向并挤出曲面，如图5-65所示。组合显示的所有曲面为一个多重曲面。

步骤18 按Ctrl+Alt+H组合键显示隐藏的对象。选中新组合的多重曲面并适当往外侧移动，如图5-66所示。

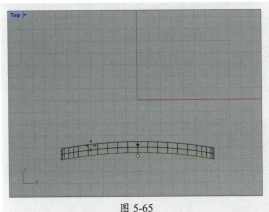

图 5-65

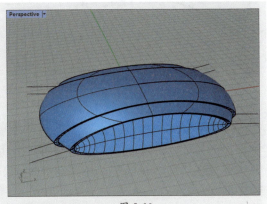

图 5-66

步骤19 执行"实体"|"边缘圆角"|"不等距边缘圆角"命令，单击命令行中的"下一个半径"选项，设置下一个半径为3，按Enter键确认。在视图中选择边缘，按Enter键确认，如图5-67所示。

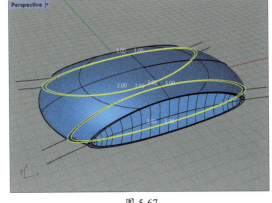

图 5-67

步骤 20 为选中的边缘添加边缘圆角效果，如图5-68所示。

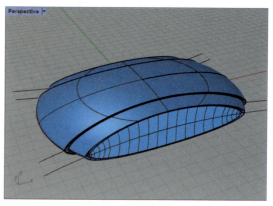

图 5-68

步骤 21 使用相同的方法为如图5-69所示的边缘添加半径为4的圆角。

步骤 22 沿封闭的多重曲面中心点镜像开放的多重曲面，如图5-70所示。

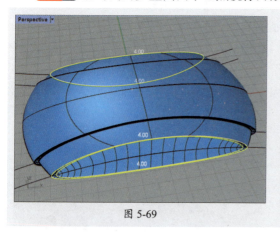 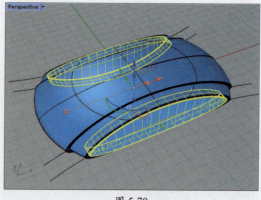

图 5-69　　　　　　　　　　　图 5-70

步骤 23 隐藏主体物件，使用"复制边缘/复制网格边缘"工具 复制曲面边缘，如图5-71所示。将复制的边缘组合为两条封闭曲线。

步骤 24 使用"放样"工具 放样曲面，如图5-72所示。组合曲面为一个封闭的多重曲面。

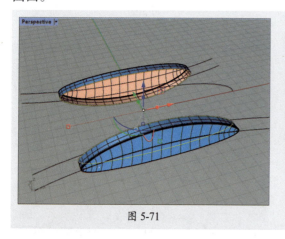 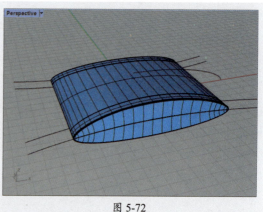

图 5-71　　　　　　　　　　　图 5-72

步骤 25 在Front视图中绘制一个椭圆，如图5-73所示。

步骤 26 使用"直线挤出"工具将椭圆挤出，如图5-74所示。

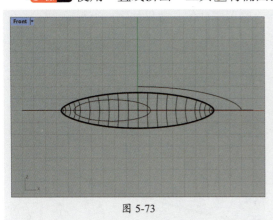

图 5-73

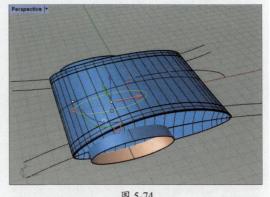

图 5-74

步骤 27 选中封闭的多重曲面，执行"实体"|"布尔运算分割"命令，选择挤出曲面，按Enter键进行布尔运算分割，如图5-75所示。

步骤 28 显示主体物件，隐藏挤出曲面及多余曲线，如图5-76所示。

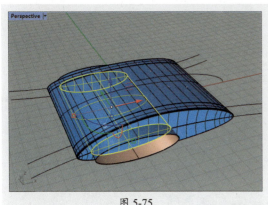

图 5-75

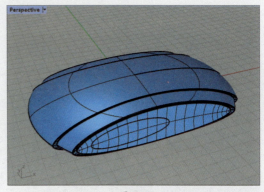

图 5-76

步骤 29 执行"实体"|"边缘圆角"|"不等距边缘圆角"命令，单击命令行中的"下一个半径"选项，设置下一个半径为1，按Enter键确认。在视图中选择边缘，按Enter键确认，如图5-77所示。

步骤 30 为选中的边缘添加边缘圆角效果，如图5-78所示。

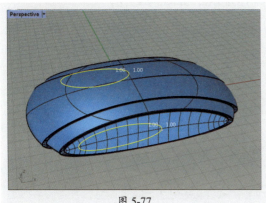

图 5-77

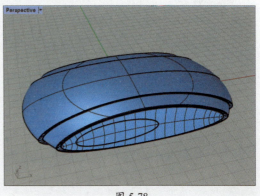

图 5-78

步骤 31 在Front视图中执行"实体"|"圆柱体"命令，绘制一个圆柱体，如图5-79所示。

步骤 32 使用该圆柱体布尔分割主体侧面后，隐藏圆柱体，效果如图5-80所示。

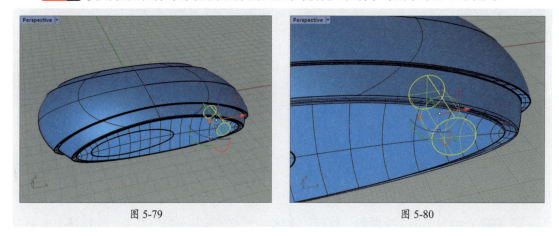

图 5-79　　　　　　　　　　　　　图 5-80

步骤 33 为分割后的主体侧面边缘添加半径为6的圆角，效果如图5-81所示。

步骤 34 使用"矩形平面：角对角"工具 在Top视图中绘制一个完全覆盖主体物件的矩形平面，如图5-82所示。

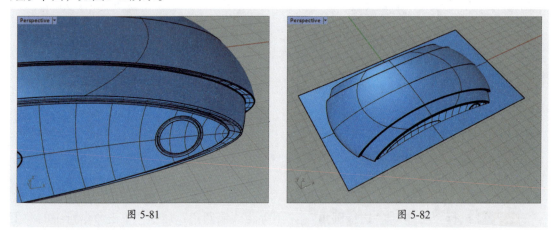

图 5-81　　　　　　　　　　　　　图 5-82

步骤 35 使用该平面布尔分割主体，隐藏矩形平面和分割后的主体上半部分后，效果如图5-83所示。

步骤 36 为下半部分的分割边缘添加半径为0.1的圆角，如图5-84所示。

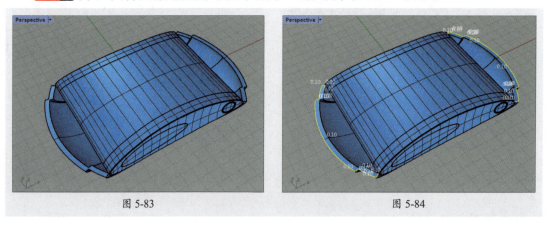

图 5-83　　　　　　　　　　　　　图 5-84

步骤37 显示上半部分，使用相同的方法添加圆角，效果如图5-85所示。

步骤38 在Top视图中绘制一个矩形，并沿水平方向复制5个。调整矩形的位置，如图5-86所示。

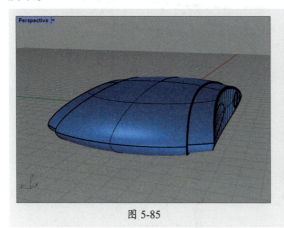
图 5-85

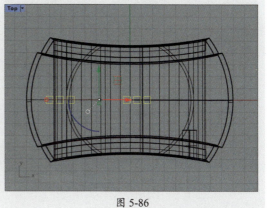
图 5-86

步骤39 单击侧边工具栏中的"文字物件"工具，打开"文本物件"对话框，设置的参数如图5-87所示。

步骤40 设置完成后单击"确定"按钮，在Top视图中的合适位置放置文字，如图5-88所示。

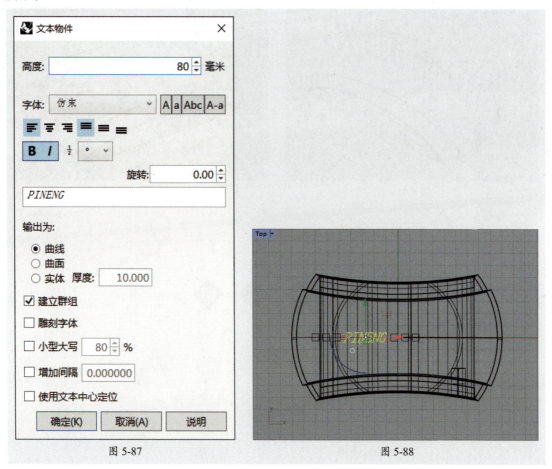
图 5-87　　　　　　　　　　　图 5-88

115

步骤 41 按F10键，打开6个矩形的控制点，调整矩形为平行四边形，如图5-89所示。

步骤 42 在Top视图中绘制5个圆，半径分别为30、25、20、15、10，如图5-90所示。

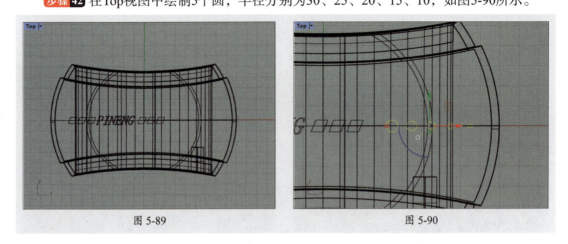

图 5-89　　　　　　　　　　　　　　图 5-90

步骤 43 选中平行四边形、文字及圆曲线，使用"直线挤出"工具挤出曲面，如图5-91所示。

步骤 44 使用挤出的曲面布尔分割主体上半部分，然后隐藏曲面及多余的曲线，并将模型缩小1/10，效果如图5-92所示。

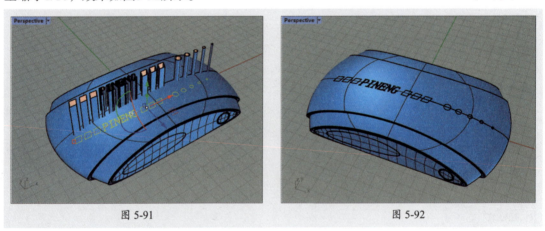

图 5-91　　　　　　　　　　　　　　图 5-92

至此，完成移动电源模型的制作。

课后练习 制作简约垃圾桶模型

下面将综合运用本章所学知识制作简约垃圾桶模型,如图5-93所示。

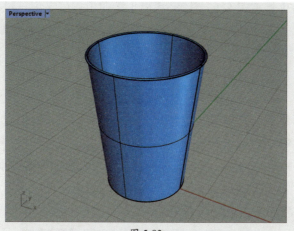

图 5-93

1. 技术要点

- 绘制垃圾桶侧面曲线,旋转成形。
- 添加边缘圆角效果。
- 在顶部边缘处绘制圆管。

2. 分步演示

演示步骤如图5-94所示。

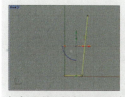

(a)绘制垃圾桶侧面曲线

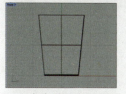

(b)旋转成形

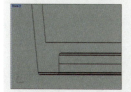

(c)添加圆角

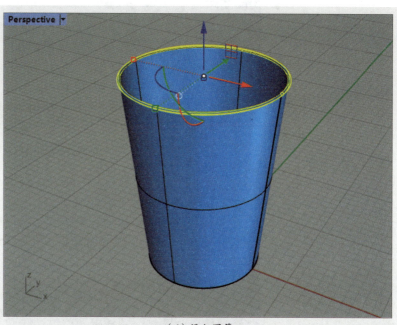

(d)添加圆管

图 5-94

拓展赏析

青铜器之青铜神树

青铜神树一般指Ⅰ号神树，它于1986年出土于四川省广汉市三星堆遗址二号祭祀坑，现藏于三星堆博物馆。Ⅰ号神树是全世界已发现的最大的单件青铜文物，高396厘米，由底座、树和龙三部分组成。

青铜神树采用分段铸造法铸造，使用了套铸、铆铸、嵌铸等工艺，是青铜铸造工艺的集大成者。

铜树底座由圆形座圈和三面弧边三角状镂空虚块面构成，模拟出三山相连的"神山"意象；主干树铸于"神山之巅"的正中，树枝分为三层，每层三枝，共九枝；每枝上有一仰一垂的两果枝，果枝上立神鸟，树侧有一条缘树而下、造型诡谲的铜龙。

青铜神树体现了古人追求天人感应、人天合一的思想，反映了古蜀先民对太阳及太阳神的崇拜，是中国宇宙树最具典型意义和代表性的伟大的实物标本，如图5-95所示。

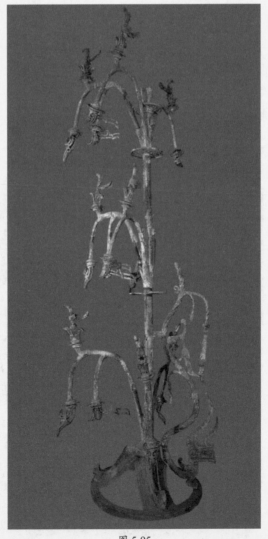

图 5-95

第 6 章

曲面造型的编辑

内容导读

本章将对曲面造型的编辑操作进行讲解，内容包括延伸曲面，曲面圆角、曲面斜角等倒角操作，混接曲面、衔接曲面等连接曲面的操作，偏移曲面和不等距偏移曲面，对称、重建曲面等常用操作，以及曲率分析、斑马纹分析等曲面分析。

思维导图

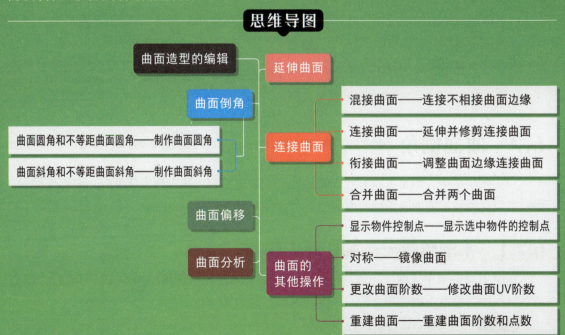

6.1 延伸曲面

使用"延伸曲面"命令可以延长曲面边缘。单击侧边工具栏中"曲面圆角"工具右下角的"弹出曲面工具"按钮，打开"曲面工具"工具组，单击"延伸曲面"工具，或执行"曲面"|"延伸曲面"命令，根据命令行中的指令，选取要延伸的边缘，再设置延伸至点的位置即可，如图6-1、图6-2所示。

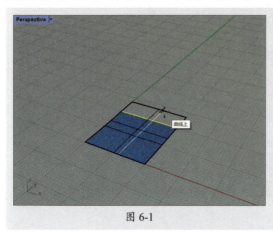
图 6-1

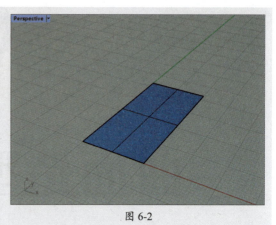
图 6-2

使用该工具时，命令行中的指令如下：

指令:_ExtendSrf
选取要延伸的边缘（类型（T）=平滑 合并（M）=是）
延伸至点 <1.00>（设定基准点（S）类型（T）=平滑 合并（M）=是）

命令行中各选项的作用如下。

- **类型：** 用于设置延伸出的曲面的类型，包括平滑和直线两种。选择平滑即可从边缘平滑地延伸曲面；选择直线即可从边缘沿直线延伸曲面。
- **设定基准点：** 在选取设置延伸距离的两个点时，指定一个位置作为第一个点。
- **合并：** 选择是，可以将延伸曲面与原曲面合并；选择否，则延伸曲面将创建为单独的表面。

6.2 曲面倒角

在实际生活中，倒角可以有效去除物件上的残留毛刺，减少伤害或事故。制作模型时，用户可以选择添加曲面圆角或曲面斜角。下面将对此进行介绍。

6.2.1 案例解析——制作钵盂模型

在学习曲面倒角之前，先通过一个实操案例来熟悉曲面倒角的操作方法与流程。本例将以制作钵盂模型为例展开介绍，具体的操作方法如下。

步骤01 打开Rhino软件，执行"实体"|"圆锥体"命令，在命令行中输入0，设置圆锥

体底面中心位于工作平面原点；输入100设置圆锥体底面半径，按Enter键确认；输入160，设置圆锥体顶点高度，按Enter键确认，绘制的圆锥体如图6-3所示。

步骤 02 单击侧边工具栏中的"曲面圆角"工具，在命令行中单击"半径"选项，设置圆角半径为45，按Enter键确认；单击圆锥体的侧面和底面创建圆角，如图6-4所示。

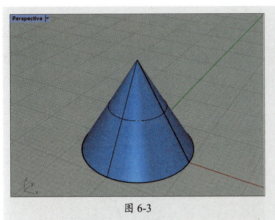

图 6-3

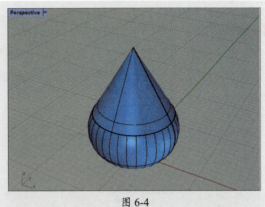

图 6-4

步骤 03 删除顶部曲面，组合其他两个曲面，如图6-5所示。

步骤 04 选中组合后的曲面，单击"曲面工具"工具组中的"偏移曲面"工具，单击命令行中的"距离"选项，设置偏移距离为4，按Enter键确认；再次按Enter键完成偏移，效果如图6-6所示。

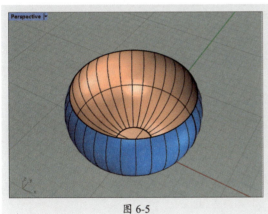

图 6-5

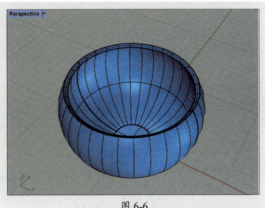

图 6-6

步骤 05 使用"曲面圆角"工具为顶部曲面边缘添加半径为1的圆角，并组合曲面，效果如图6-7所示。

至此，完成钵盂模型的制作。

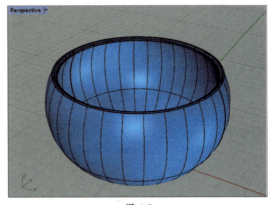

图 6-7

6.2.2 曲面圆角和不等距曲面圆角——制作曲面圆角

使用"曲面圆角"命令可以在两个曲面之间创建单一半径的圆角曲面，使用"不等距曲面圆角"命令可以在两个曲面之间建立不等半径的相切圆角曲面，以制作更加丰富的模型效果。

1. 曲面圆角

单击侧边工具栏中的"曲面圆角"工具 或执行"曲面"|"曲面圆角"命令，根据命令行中的指令，选取要建立圆角的第一个曲面和第二个曲面，即可创建曲面圆角，如图6-8、图6-9所示。

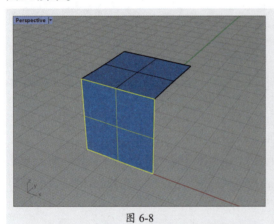 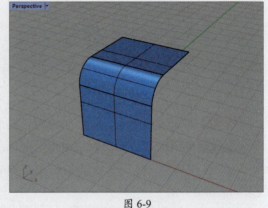

图 6-8　　　　　　　　　　　　　图 6-9

使用该工具时，命令行中的指令如下：

指令：_FilletSrf
选取要建立圆角的第一个曲面（半径（R）=80.00 延伸（E）=是 修剪（T）=是 混接造型（B）=圆形倒角）
选取要建立圆角的第二个曲面（半径（R）=80.00 延伸（E）=是 修剪（T）=是 混接造型（B）=圆形倒角）

命令行中各选项的作用如下。
- **半径：** 用于指定圆角半径。
- **延伸：** 选择该选项，当一个输入曲面比另一个长时，圆角曲面将延伸到输入曲面边。

> **操作提示**
> 创建曲面圆角类似于沿着曲面的边滚动定义半径的球。若转角比球的半径窄，球就无法通过转弯，即会导致创建曲面圆角失败。

2. 不等距曲面圆角

单击"曲面工具"工具组中的"不等距曲面圆角/不等距曲面混接"工具 ，或执行"曲面"|"不等距圆角/混接/斜角"|"不等距曲面圆角"命令，根据命令行中的指令，选取要做不等距圆角的两个相交曲面，再在视图中选取要编辑的圆角控制杆，拖曳调整半径或

在命令行中输入数值，右击确认即可，如图6-10、图6-11所示。

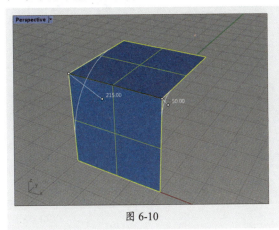
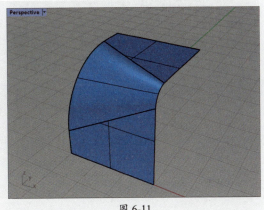

图 6-10　　　　　　　　　　　　　　图 6-11

使用该工具时，命令行中的指令如下：

指令：_VariableFilletSrf
选取要做不等距圆角的两个相交曲面之一（半径（R）=1）
选取要做不等距圆角的第二个相交曲面（半径（R）=1）
选取要编辑的圆角控制杆，按 Enter 完成（新增控制杆（A）复制控制杆（C）设置全部（S）连结控制杆（L）=否 路径造型（R）=滚球 修剪并组合（T）=否 预览（P）=否）
设置新的圆角半径 <1.00>（从曲线（F）从两点（R)）
选取要编辑的圆角控制杆，按 Enter 完成（新增控制杆（A）复制控制杆（C）设置全部（S）连结控制杆（L）=否 路径造型（R）=滚球 修剪并组合（T）=否 预览（P）=否）

命令行中部分选项的作用如下。
- **新增控制杆**：沿曲面相交处添加新的控制杆。
- **复制控制杆**：复制已有的控制杆。
- **设置全部**：设置全部控制杆的半径。
- **连结控制杆**：该选项为"是"时，调整某一控制杆，其他控制杆会以相同的比例调整。

6.2.3　曲面斜角和不等距曲面斜角——制作曲面斜角

使用"曲面斜角"命令可以在两个曲面之间创建一个指定距离的直纹曲面，使用"不等距曲面斜角"命令可以在两个曲面之间创建不同距离的斜角曲面。

1. 曲面斜角

单击"曲面工具"工具组中的"曲面斜角"工具 或执行"曲面"|"曲面斜角"命令，根据命令行中的指令，选取要建立斜角的第一个曲面和第二个曲面，即可创建曲面斜角，如图6-12、图6-13所示。

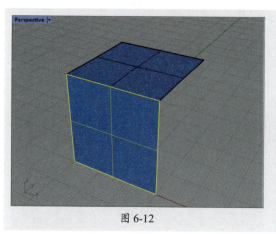

图 6-12

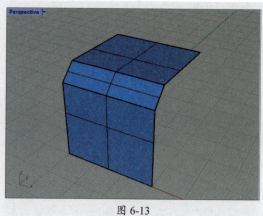

图 6-13

使用该工具时，命令行中的指令如下：

指令：_ChamferSrf
选取要建立斜角的第一个曲面（距离（D）=6.00,6.00 延伸（E）=是 修剪（T）=是）：距离
第一斜角距离 <6.00>
第二斜角距离 <6.00>
选取要建立斜角的第一个曲面（距离（D）=6.00,6.00 延伸（E）=是 修剪（T）=是）
选取要建立斜角的第二个曲面（距离（D）=6.00,6.00 延伸（E）=是 修剪（T）=是）

命令行中部分选项的作用如下。
- **距离：** 设置从曲面交点到倒角边缘的距离。
- **延伸：** 设置是否沿曲面延伸到倒角曲面。

2. 不等距曲面斜角

单击"曲面工具"工具组中的"不等距曲面斜角"工具或执行"曲面"｜"不等距圆角/混接/斜角"｜"不等距曲面斜角"命令，根据命令行中的指令，选取要做不等距斜角的两个相交曲面，再在视图中选取要编辑的斜角控制杆，拖曳调整距离或在命令行中输入数值，右击确认即可，如图6-14、图6-15所示。

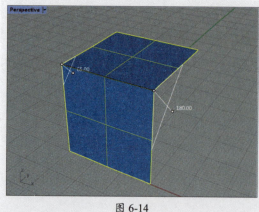

图 6-14

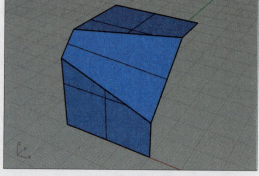

图 6-15

6.3 连接曲面

曲面连接是Rhino模型制作中一个非常重要的操作,用户可以通过混接、连接、衔接等多种方式连接曲面。本小节将对此进行讲解。

6.3.1 案例解析——制作蘑菇造型音响

在学习连接曲面的知识之前,首先通过实操案例了解相关知识的应用方法。本例将以制作蘑菇造型音响为例展开介绍,具体的操作过程如下。

步骤 01 打开Rhino软件,使用"球体:中心点、半径"工具 ⊙ 绘制一个半径为200的球体,如图6-16所示。

步骤 02 在Front视图中,过球体中心点绘制一条直线,并用该直线修剪掉球体的下半部分,如图6-17所示。

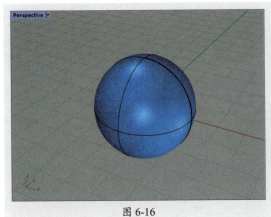
图 6-16

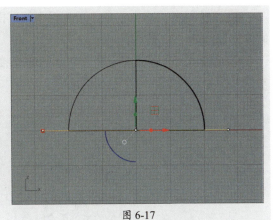
图 6-17

步骤 03 使用"圆:中心点、半径"工具 ⊙ 在Top视图中绘制一个半径为100的圆和一个半径为80的圆,在Front视图中调整两个圆的位置,如图6-18所示。

步骤 04 使用"放样"工具 ⊠ 放样曲线,效果如图6-19所示。

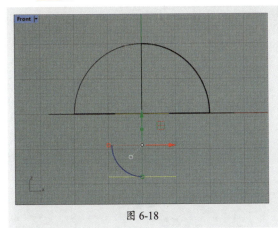
图 6-18

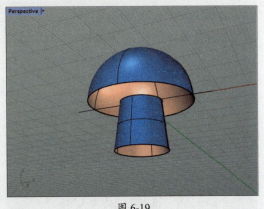
图 6-19

步骤 05 使用"以平面曲线建立曲面"工具 ⊙ 用底部平面曲线创建曲面,如图6-20所示。

步骤 06 使用"曲面圆角"工具，为底部曲面和侧面曲面添加半径为40的圆角，效果如图6-21所示。

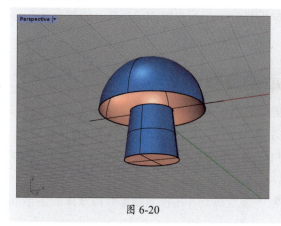

图 6-20

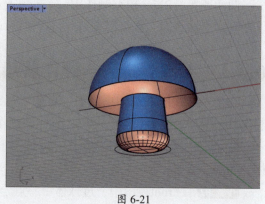

图 6-21

步骤 07 单击"曲面工具"工具组中的"混接曲面"工具，单击修剪后球体边缘和侧面曲面上边缘，如图6-22所示。

步骤 08 按Enter键，打开"调整曲面混接"对话框，按照如图6-23所示的对话框设置参数。

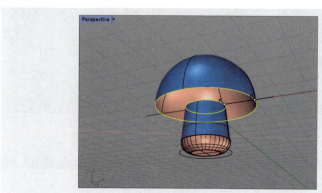

图 6-22

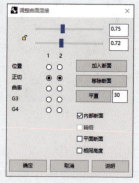

图 6-23

步骤 09 设置完成后单击"确定"按钮，效果如图6-24所示。

步骤 10 组合曲面，隐藏多余曲线，效果如图6-25所示。

图 6-24

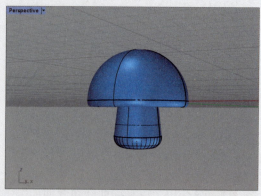

图 6-25

至此，完成蘑菇造型音响的制作。

6.3.2 混接曲面——连接不相接曲面边缘

混接曲面是指在两个不相接曲面边缘之间建立平滑的曲面，并以指定的持续性与原曲面相接。

单击"曲面工具"工具组中的"混接曲面"工具 或执行"曲面"|"混接曲面"命令，根据命令行中的指令，依次选取第一个边缘和第二个边缘，然后设置曲线接缝点，右击确认，打开"调整曲面混接"对话框设置参数，如图6-26所示。设置完成后单击"确定"按钮，即可创建混接曲面，如图6-27所示。

图 6-26

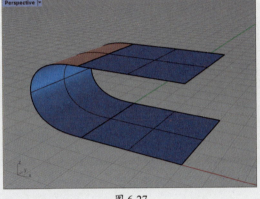
图 6-27

"调整曲面混接"对话框中部分选项的作用如下。
- ：单击锁定，可以保持两个曲线端点的关系。
- **滑块**：用于确定曲面对边缘曲线的距离。
- **连续性选项**：用于设置每个曲面端点的连续性，包括位置、正切、曲率、G3和G4五个选项。
- **加入断面**：用于添加断面，以增加对混接曲面形状的控制。
- **移除断面**：用于移除多余的断面曲线。
- **平面断面**：选择该选项，将强制所有形状曲线为平面并平行于指定方向。
- **相同高度**：若曲面之间的间隙发生变化，选择该选项，将会在整个混合过程中保持形状曲线的高度。

使用该工具时，命令行中的指令如下：

指令:_BlendSrf
选取第一个边缘（连锁边缘（C）编辑（E））
选取第二个边缘（连锁边缘（C））
选取要调整的控制点，按住ALT键并移动控制杆调整边缘处的角度，按住SHIFT做对称调整。
选取要调整的控制点，按住ALT键并移动控制杆调整边缘处的角度，按住SHIFT做对称调整。

命令行中的部分选项的作用如下：

- **连锁边缘**：用于选择连续的边缘。
- **编辑**：用于对历史记录的曲面进行编辑。

6.3.3 连接曲面——延伸并修剪连接曲面

使用"连接曲面"命令可以延伸曲面直至曲面相交并修剪掉多余的部分。单击"曲面工具"工具组中的"连接曲面"工具 或执行"曲面"|"连接曲面"命令，根据命令行中的指令，依次选取第一个靠近要延展或要保留一侧边缘的曲面、第二个靠近要延展或要保留一侧边缘的曲面即可，如图6-28、图6-29所示。

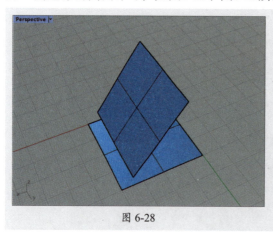

图 6-28

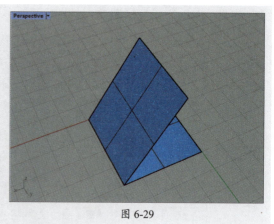

图 6-29

6.3.4 衔接曲面——调整曲面边缘连接曲面

衔接曲面可以调整曲面的边，使其与另一曲面具有位置、切线或曲率的连续性。单击"曲面工具"工具组中的"衔接曲面"工具 或执行"曲面"|"曲面编辑工具"|"衔接"命令，根据命令行中的指令，选取要改变的未修剪曲面边缘及要衔接的曲面或边缘，打开"衔接曲面"对话框设置参数，如图6-30所示。设置完成后单击"确定"按钮即可，如图6-31所示。

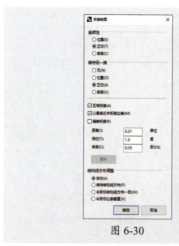

图 6-30

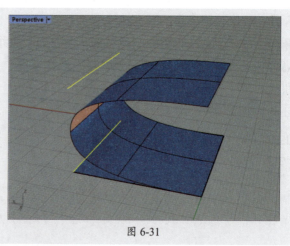

图 6-31

"衔接曲面"对话框中部分选项的作用如下。

- **"连续性"选项组**：用于设置匹配的连续性。
- **"维持另一端"选项组**：用于更改曲面结构，以防止修改与匹配相对的边缘处的曲率。
- **互相衔接**：若目标曲面的边缘是未修剪边缘，两个曲面的形状会被互相衔接调整。
- **以最接近点衔接边缘**：要衔接的曲面边缘的每个控制点会与目标曲面边缘的最近点进行衔接，否则将拉伸或压缩曲面，以端对端匹配整个边。
- **精确衔接**：用于确定是否应测试匹配结果的准确性并对其进行优化，以使面在公差范围内匹配。
- **翻转**：用于更改曲面方向。
- **"结构线方向调整"选项组**：用于确定匹配曲面参数化的方式。

> **操作提示**
> 衔接曲面改变的曲面边缘必须是未修剪的边缘，封闭的曲面边缘与开放的边缘不能衔接。

6.3.5 合并曲面——合并两个曲面

合并曲面是指在未修剪的边缘处将两个曲面合并为一个曲面。单击"曲面工具"工具组中的"合并曲面"工具 或执行"曲面"|"曲面编辑工具"|"合并"命令，根据命令行中的指令，选取一对要合并的曲面即可，如图6-32、图6-33所示。

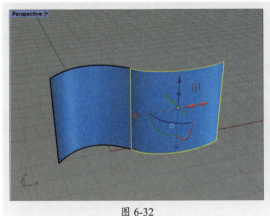

图 6-32

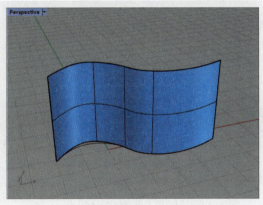

图 6-33

合并曲面时，命令行中的指令如下：

指令：_MergeSrf
选取一对要合并的曲面（平滑（S）=是 公差（T）=0.01 圆度（R）=1）

命令行中各选项的作用如下。

- **平滑**：该选项为"是"时，将合并生成光滑的曲面，合并后的曲面较适合编辑控制点，但可能会改变原曲面的形状。
- **公差**：两个要合并的曲面，边缘距离必须在公差范围内，曲面才能合并。
- **圆度**：用于设置合并的圆度。该数值在0（尖锐）到1（平滑）之间。

6.4 曲面偏移

曲面偏移是指将选中的曲面以设置的距离向指定的方向偏移复制，用户可以选择等距偏移或不等距偏移。下面将对此进行介绍。

1. 偏移曲面

偏移曲面可以以指定的距离复制曲面或多重曲面。单击"曲面工具"工具组中的"偏移曲面"工具 或执行"曲面"|"偏移曲面"命令，根据命令行中的指令，选取要偏移的曲面或多重曲面并右击确认，选取要反转方向的物体并右击确认，即可以设定的方向与距离偏移曲面，如图6-34、图6-35所示。

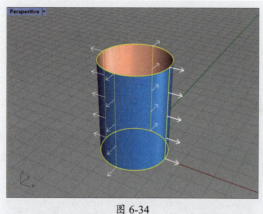

图 6-34

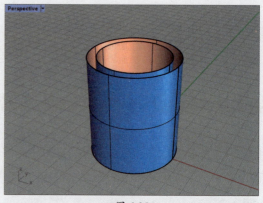

图 6-35

偏移曲面时，命令行中的指令如下：

指令：_OffsetSrf
选取要偏移的曲面或多重曲面
选取要偏移的曲面或多重曲面，按 Enter 完成
选取要反转方向的物体，按 Enter 完成（距离（D）=1 角（C）=锐角 实体（S）=是 公差（T）=0.01 删除输入物件（L）=是 全部反转（F））

命令行中部分选项的作用如下。
- **距离**：用于设置偏移距离。
- **角**：用于设置如何处理偏移角的连续性，包括锐角和圆角两种。该选项仅适用于向外偏移的情况。
- **实体**：选择该选项，将以原曲面与偏移后的曲面放样形成封闭的实体。
- **公差**：用于设置偏移曲面的公差。
- **两侧**：该选项为"是"时，将以原曲面为中心向两侧偏移。
- **全部反转**：单击该选项，将翻转所有选定曲面的偏移方向。

2. 不等距偏移曲面

使用"不等距偏移曲面"命令可以指定多个偏移距离偏移复制曲面，以制作出更加丰富的偏移效果。单击"曲面工具"工具组中的"不等距偏移曲面"工具 或执行"曲面"|

"不等距偏移曲面"命令，根据命令行中的指令，选取要做不等距偏移的曲面，然后选取要移动的点，设置偏移距离，右击确认即可，如图6-36、图6-37所示。

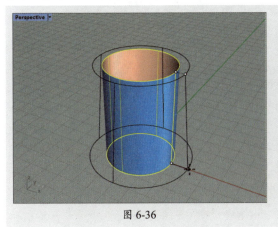 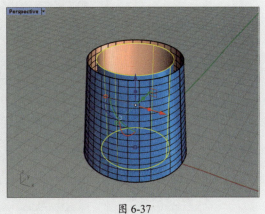

图6-36　　　　　　　　　　　　　　图6-37

6.5　曲面的其他操作

对称、更改曲面阶数、重建曲面等操作在模型制作过程中非常实用，本小节将对这些操作进行介绍。

6.5.1　案例解析——制作异形玻璃钢模型

在学习了曲面的基本编辑知识后，接下来继续学习曲面的其他编辑操作。本例将以制作异形玻璃钢模型为例展开介绍，具体的操作过程如下。

步骤01 打开Rhino软件，使用"矩形平面：角对角"工具 绘制一个800×500大小的矩形平面，如图6-38所示。

步骤02 选中矩形平面，按F10键显示其控制点，如图6-39所示。

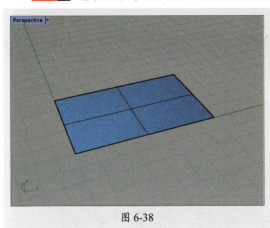 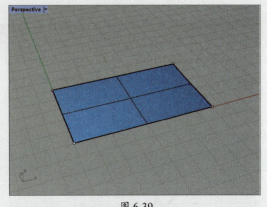

图6-38　　　　　　　　　　　　　　图6-39

步骤03 单击"曲面工具"工具组中的"重建曲面"工具 ，选择矩形平面，按Enter键确认，打开"重建曲面"对话框设置参数，如图6-40所示。

步骤 04 设置完成后单击"确定"按钮重建曲面,效果如图6-41所示。

图 6-40

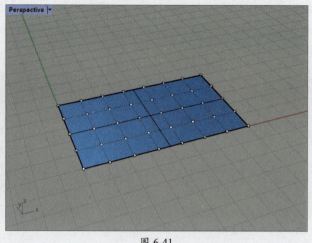

图 6-41

步骤 05 在Front视图中选中部分控制点,调整高度,如图6-42所示。

步骤 06 在Right视图中选中部分控制点,调整高度,如图6-43所示。

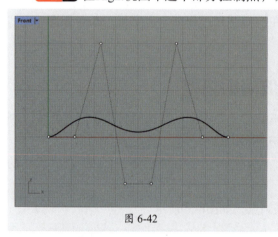

图 6-42

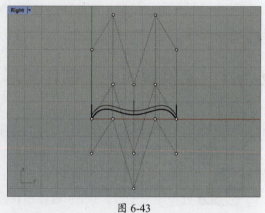

图 6-43

步骤 07 此时Perspective视图中的效果如图6-44所示。

步骤 08 按F11键隐藏控制点,效果如图6-45所示。

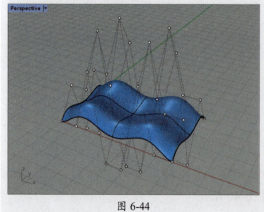

图 6-44

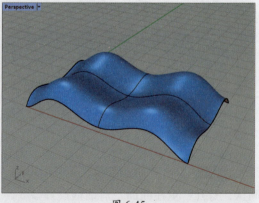

图 6-45

至此，完成异形玻璃钢模型的制作。

6.5.2 显示物件控制点——显示选中物件的控制点

通过控制点可以调整曲面的造型。选中要显示控制点的曲面，执行"编辑"|"控制点"|"开启控制点"命令或按F10键，即可显示选中曲面的控制点，如图6-46所示。选中控制点进行调整，即可改变曲面的效果，如图6-47所示。

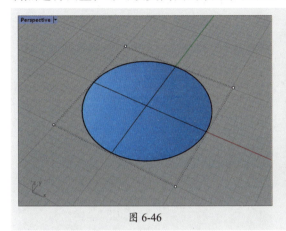
图 6-46

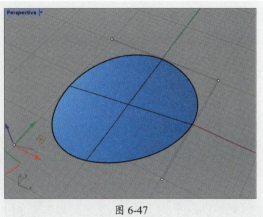
图 6-47

若想关闭控制点的显示，执行"编辑"|"控制点"|"关闭控制点"命令或按F11键即可。

6.5.3 对称——镜像曲面

使用"对称"工具 可以镜像曲面，并使镜像部分与原始对象相切。单击"曲面工具"工具组中的"对称"工具 ，根命令行中的指令，选取曲线端点或曲面边缘，然后设置对称平面的起点和终点即可，如图6-48、图6-49所示。

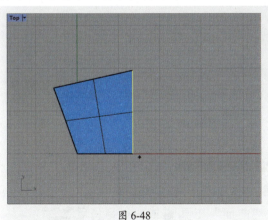
图 6-48   图 6-49

操作提示

选中"对称"工具 后，单击状态栏中的"记录建构历史"按钮再进行对称操作，当修改原曲面时，镜像部分也会随之变化。

6.5.4 更改曲面阶数——修改曲面UV阶数

在调整曲面的过程中，用户可以通过改变曲面阶数，重新调整曲面的结构线和控制点，以更好地编辑曲面。

选中要更改曲面阶数的曲面，按F10键显示物件控制点，单击"曲面工具"工具组中的"更改曲面阶数"工具 DEG 或执行"编辑"|"改变阶数"命令，根据命令行中的指令，选取要改变阶数的曲线或曲面并右击确认，设置新的U阶数和V阶数，然后右击确认即可，如图6-50、图6-51所示。

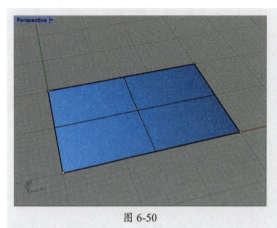

图 6-50　　　　　　　　　　　图 6-51

用户也可以选中要更改曲面阶数的曲面，单击"更改曲面阶数"工具 DEG ，再设置新的U阶数和V阶数。

更改曲面阶数时，命令行中的指令如下：

```
指令: _ChangeDegree
选取要改变阶数的曲线或曲面
选取要改变阶数的曲线或曲面，按 Enter 完成
新的 U 阶数 <1>（可塑形的（D）=否）: 5
新的 V 阶数 <1>（可塑形的（D）=否）: 5
```

在命令行中，用户可以通过设置U阶数和V阶数来添加或减少曲面的控制点，这个操作不会影响曲面结构。

6.5.5 重建曲面——重建曲面阶数和点数

使用"重建曲面"命令可以重建选定的曲面，并为其指定阶数和控制点。单击"曲面工具"工具组中的"重建曲面"工具 或执行"编辑"|"重建"命令，根据命令行中的指令，选取要重建的曲线、挤出物件或曲面，右击确认，打开"重建曲面"对话框，如图6-52所示。在该对话框中设置参数，然后单击"确定"按钮，即可重建曲面，如图6-53所示。

图 6-52

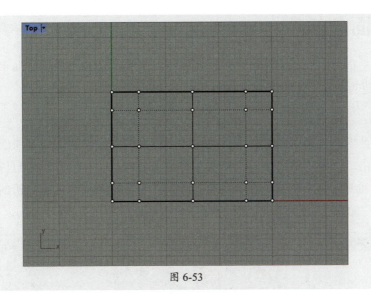

图 6-53

"重建曲面"对话框中部分选项的作用如下。

- **点数:** 用于设置重建后的控制点数,括号中的数字为当前控制点数。
- **阶数:** 用于设置重建后的阶数。
- **目前的图层:** 选择该复选框,将在当前的图层中新建曲面;取消选择,将会在原曲面图层中新建曲面。
- **重新修剪:** 选择该复选框,将以原边缘曲线修剪重建后的曲面。
- **计算:** 计算原曲面和重建后的曲面的偏差值。

除了"重建曲面"工具 外,用户还可以使用"曲面工具"工具组中的"重建曲面的U或V方向"工具 重建曲面。单击"曲面工具"工具组中的"重建曲面的U或V方向"工具 ,根据命令行中的指令,选取要重建U或V方向的曲面,右击确认,选择重建选项,然后再右击确认即可。

使用该工具时,命令行中的指令如下:

指令: _RebuildUV
选取要重建 U 或 V 方向的曲面
选取要重建 U 或 V 方向的曲面,按 Enter 完成
选择 RebuildUV 指令的选项,按 Enter 完成(方向(D)=U 点数(P)=8 型式(T)=均匀 删除输入物件(L)=否 目前的图层(C)=否 重新修剪(R)=是)

命令行中部分选项的作用如下。

- **方向:** 用于设置重建的方向,包括U方向和V方向。
- **型式:** 用于设置重建的型式,包括标准、松弛、紧绷、平直区段和均匀。

6.6 曲面分析

曲面分析是指对曲面进行分析，以检查模型的质量。用户可以通过曲率分析、斑马纹分析等对曲面进行分析。下面将对此进行介绍。

1. 曲率分析

曲率分析是指通过使用假色分析直观地计算曲面的曲率，它是检查曲面质量时常用的工具之一。单击"曲面工具"工具组中的"曲率分析/关闭曲率分析"工具 或执行"分析"|"曲面"|"曲率分析"命令，根据命令行中的指令，选取要做曲率分析的物件，右击确认，即可打开"曲率"对话框，如图6-54所示。视图中的物件如图6-55所示。

图 6-54

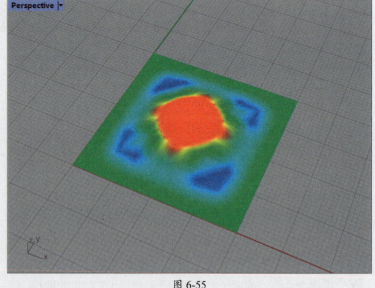
图 6-55

"曲率"对话框中部分选项的作用如下。

- **样式**：用于设置显示曲率的形式，包括高斯、平均、最小半径和最大半径。"高斯"曲率可以判断一个曲面是否可展开为平面图案；"平均"用于显示平均曲率的绝对值，在查找表面曲率突然变化的区域时作用很大；"最小半径"用于检测曲面表面是否有区域弯曲得太紧；"最大半径"主要用于平点检测，模型中的红色区域则表示曲率为零的平坦点。
- **自动范围**：单击该按钮，将自动计算曲率值到颜色的映射，以达到良好的颜色分布效果。
- **最大范围**：单击该按钮，将会把最大曲率映射为红色而最小曲率映射为蓝色。在曲率变化极大的曲面上，使用该选项将会导致图像信息不足。
- **调整网格**：用于调整网格，以使细节级别更加精细。

若想关闭曲率分析，右击"曲面工具"工具组中的"曲率分析/关闭曲率分析"工具 即可。

2. 斑马纹分析

使用"斑马纹"命令可以通过条纹贴图直观地分析曲面的平滑度、连续性及其他重要特性，是检查曲面质量时常用的工具之一。

单击"曲面工具"工具组中"曲率分析/关闭曲率分析"工具 右下角的"弹出曲面分析"按钮 ，打开"曲面分析"工具组，单击"斑马纹分析/关闭斑马纹分析"工具 ，或执行"分析"|"曲面"|"斑马纹"命令，根据命令行中的指令，选取要做斑马纹分析的物件，右击确认，即可打开"斑马纹选项"对话框，如图6-56所示。视图中的物件如图6-57所示。

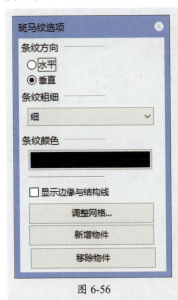
图 6-56

图 6-57

"斑马纹选项"对话框中部分选项的作用如下。

- **条纹粗细**：用于设置斑马纹条纹的粗细。
- **显示边缘与结构线**：选择该复选框，将显示物件的边缘与结构线。

为物件添加斑马纹后，即可以根据斑马纹的走向对曲面进行分析，具体介绍如下。

- **G0连续**：若条纹在连接处扭结或向侧面跳跃，则曲面之间的位置是匹配的，这表示曲面之间存在G0连续性。
- **G1连续**：若条纹在连接处对齐，但急剧转动，则曲面之间的位置和相切是匹配的，这表示曲面之间存在G1连续性。
- **G2连续**：若条纹匹配并在连接处平滑地延续，则曲面之间的位置、相切和曲率均匹配，这表示曲面之间存在G2连续性。

若想关闭物件的斑马纹分析，右击"斑马纹分析/关闭斑马纹分析"工具 即可。

3. 拔模角度分析

拔模角度分析是指通过使用假色分析直观地计算曲面的拔模角度，通常用于设计必须从模具中弹出的注塑件。单击"曲面分析"工具组中的"拔模角度分析"工具 ，根据命令行中的指令，选取要做拔模角度分析的物件，右击确认，即可打开"拔模角度分析"对话框，如图6-58所示。视图中的物件如图6-59所示。

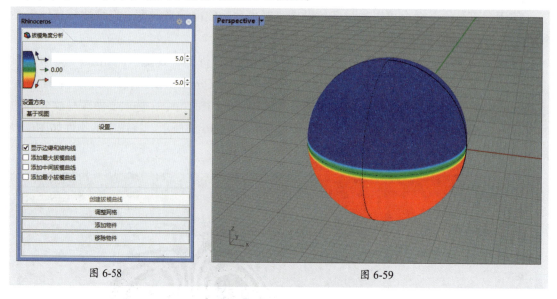

图6-58　　　　　　　　　　　　　　图6-59

拔模角度取决于执行命令时活动视图中构建平面的Z轴方向。若表面方向与构建平面的Z轴方向相同，则拔模角为90度；若表面方向垂直于构建平面Z轴方向，则拔模角为0度；若表面方向与构建平面的Z轴方向相反，则拔模角为-90度。

若将最大角度和最小角度设置为相同的值，则曲面中所有超出该角度的部分都显示为红色。

4. 环境贴图

环境贴图分析是指使用曲面中反射的图像直观地评估曲面的平滑度。环境贴图是一种渲染风格，使场景看起来好像被高度抛光的金属反射。在某些情况下，环境贴图会显示斑马纹分析无法检测出的表面缺陷。

单击"曲面分析"工具组中的"环境贴图"工具，根据命令行中的指令，选取要做环境贴图分析的物件，右击确认，即可打开"环境贴图选项"对话框，如图6-60所示。视图中的物件如图6-61所示。

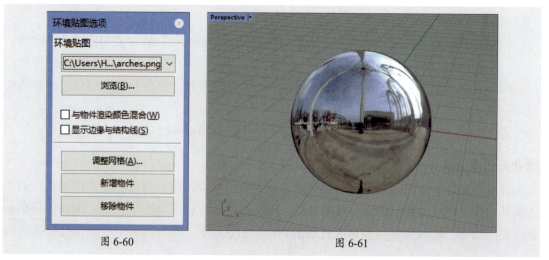

图6-60　　　　　　　　　　　　　　图6-61

"环境贴图选项"对话框中部分选项的作用如下。
- **浏览**：单击该按钮，将打开"打开位图"对话框，选择环境贴图的图像。
- **与物件渲染颜色混合**：选择该复选框，将使图像与对象的渲染颜色混合，以模拟不同的材质。

5. 其他

除了以上几种比较常见的曲面分析工具外，在"曲面分析"工具组中还有其他几种工具，如图6-62所示。

这些工具的作用分别如下。

图 6-62

- **以UV坐标建立点/点的UV坐标**：在指定的曲面UV坐标处创建点对象。
- **点集合偏差值**：报告选定点对象、控制点、网格对象、网格顶点和曲面之间的距离。
- **厚度分析/关闭厚度分析**：使用假色显示计算实体的厚度。
- **捕捉工作视窗至文件**：将当前视图的图像保存到文件中。
- **显示物件方向/关闭物件的方向显示**：打开"方向分析"对话框，并显示曲线、曲面和多边形曲面的方向。
- **边缘连续性**：用于显示重叠边缘的连续性并进行标注。

课堂实战 制作儿童手机模型

本案例将练习制作儿童手机模型，以巩固前面所学的曲面知识。具体的操作过程如下。

步骤 01 打开Rhino软件，在Front视图中使用"椭圆：从中心点"工具绘制一个210×60的椭圆，如图6-63所示。

步骤 02 使用"直线挤出"工具从曲线挤出曲面，设置挤出长度为263，如图6-64所示。隐藏曲线。

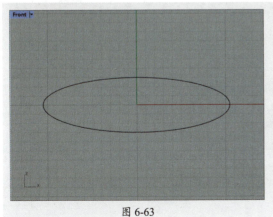

图 6-63

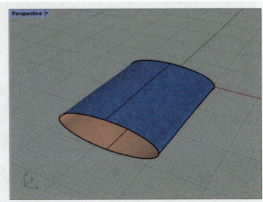

图 6-64

步骤03 执行"曲面"|"边缘工具"|"分割边缘"命令,将曲面的边缘分割为两部分,如图6-65所示。

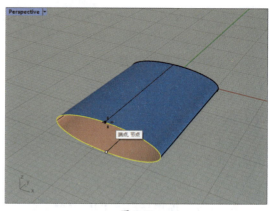

图 6-65

步骤04 单击"曲面工具"工具组中的"混接曲面"工具,再单击命令行中的"连锁边缘"选项,选择第一个边缘的两段曲线,如图6-66所示。按Enter键确认。

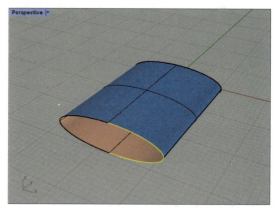

图 6-66

操作提示
该步骤中可启用物件锁点功能,并选择"节点"复选框,以方便分割。

步骤05 单击分割后的另一段边缘作为第二个边缘,按Enter键确认,打开"调整曲面混接"对话框设置参数,如图6-67所示。

步骤06 单击"确定"按钮,混接曲面效果如图6-68所示。

图 6-67

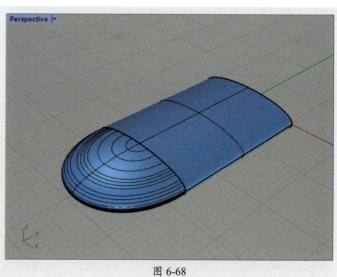

图 6-68

步骤07 使用相同的方法创建主体的上半部分弧面,如图6-69、图6-70所示。

图 6-69

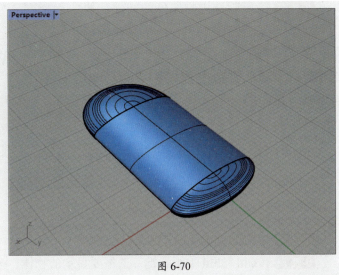

图 6-70

步骤 08 使用"圆角矩形/圆锥角矩形"工具在Top视图中绘制一个140×92、圆角半径为21的圆角矩形，如图6-71所示。

步骤 09 执行"实体"|"挤出平面曲线"|"直线"命令，从曲线挤出实体，设置挤出长度为80，如图6-72所示。隐藏曲线。

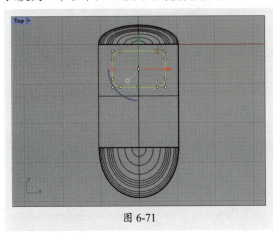

图 6-71

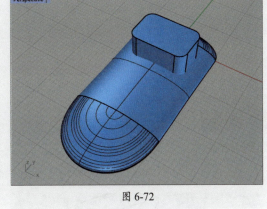

图 6-72

步骤 10 选中主体，执行"实体"|"布尔运算分割"命令，选择挤出实体，按Enter键确认分割主体，如图6-73所示。

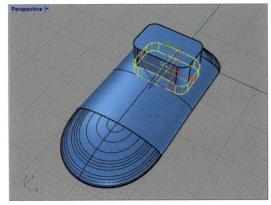

图 6-73

步骤 11 隐藏除选中物体外的物件，执行"实体"|"边缘圆角"|"不等距边缘圆角"命令，单击命令行中的"下一个半径"选项，设置下一个圆角半径为1，按Enter键确认；双击物件边缘将其全部选中，如图6-74所示。

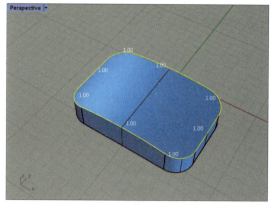

图 6-74

步骤 12 按Enter键确认创建圆角，如图6-75所示。

步骤 13 按Ctrl+Shift+H组合键，选择要显示的物体，按Enter键确认显示，如图6-76所示。

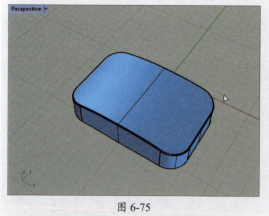

图 6-75

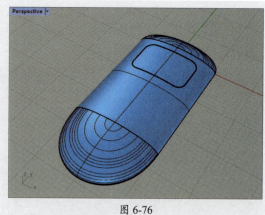

图 6-76

步骤 14 执行"不等距边缘圆角"命令，为主体分割处边缘添加半径为2的圆角，效果如图6-77所示。

步骤 15 组合主体及上下部分曲面为一个多重曲面，如图6-78所示。

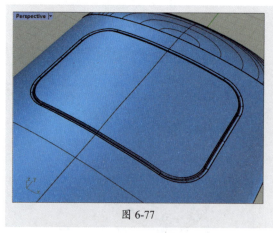

图 6-77

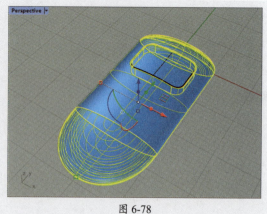

图 6-78

步骤 16 执行"实体"|"椭圆体"|"从中心点"命令，绘制一个椭圆体，如图6-79所示。

步骤 17 选中主体，执行"实体"|"差集"命令，选中椭圆体，按Enter键确认进行布尔差集运算，效果如图6-80所示。

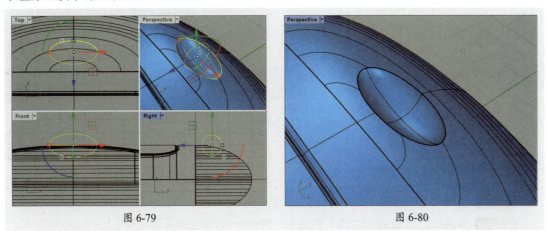

图 6-79　　　　　　　　　　图 6-80

步骤 18 执行"不等距边缘圆角"命令，为布尔运算后的边缘添加半径为1的圆角，效果如图6-81所示。

步骤 19 执行"实体"|"圆柱体"命令，根据命令行中的指令，绘制一个半径为1.5、高度为10的圆柱体，然后按住Alt键拖曳复制圆柱体，如图6-82所示。

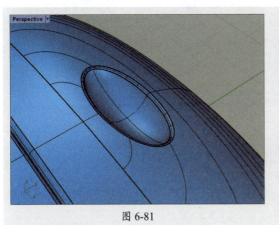

图 6-81　　　　　　　　　　图 6-82

步骤 20 选中主体，执行"实体"|"差集"命令，选中圆柱体，按Enter键确认进行布尔差集运算，效果如图6-83所示。

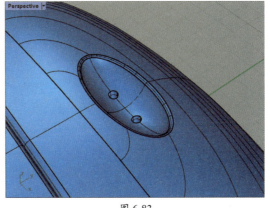

图 6-83

步骤 21 使用"圆：中心点、半径"工具在Top视图中绘制两个同心圆，如图6-84所示。

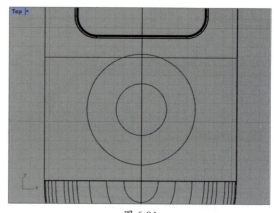

图 6-84

步骤 22 使用"直线挤出"工具将大圆挤出一定高度，如图6-85所示。

步骤 23 使用挤出曲面修剪主体，隐藏挤出曲面，效果如图6-86所示。

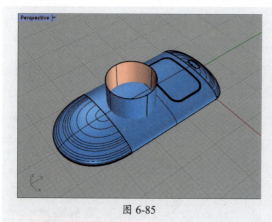

图 6-85

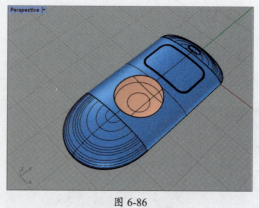

图 6-86

步骤 24 调整小圆高度，启用物件锁点中的"四分点"，在Right视图中使用"控制点曲线"工具绘制曲线，如图6-87所示。

步骤 25 选择"双轨扫掠"工具，以小圆及修剪后的边缘为路径，以绘制的曲线为断面曲线创建曲面，如图6-88所示。

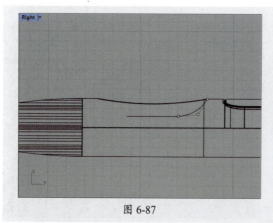

图 6-87

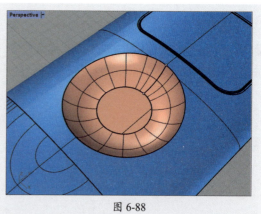

图 6-88

步骤 26 选中小圆，使用"直线挤出"工具挤出一定高度，效果如图6-89所示。

步骤 27 使用"曲面圆角"工具为曲面边缘添加半径为1的圆角,并组合曲面,效果如图6-90所示。

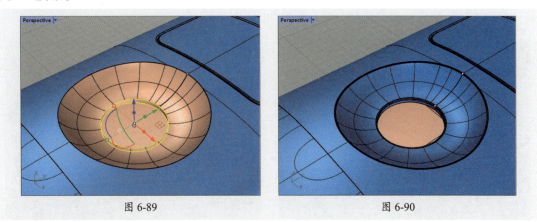

图 6-89　　　　　　　　　　　　　　图 6-90

步骤 28 启用物件锁点中的"中心点",使用"多重直线"工具绘制一条竖直的线段,如图6-91所示。

步骤 29 在Right视图中使用"控制点曲线"工具绘制曲线,如图6-92所示。

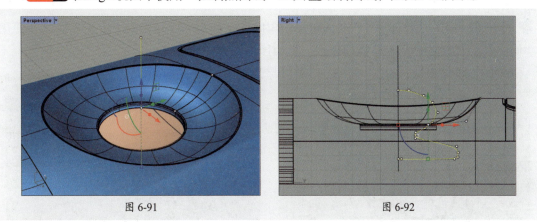

图 6-91　　　　　　　　　　　　　　图 6-92

步骤 30 使用"旋转成形/沿着路径旋转"工具以竖直线段为旋转轴创建曲面,如图6-93所示。

步骤 31 在Top视图中,使用"控制点曲线"工具绘制曲线,如图6-94所示。

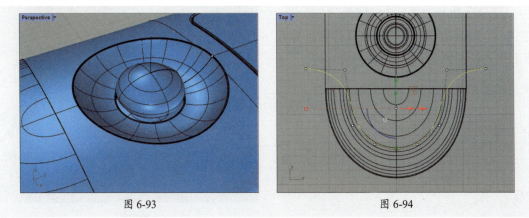

图 6-93　　　　　　　　　　　　　　图 6-94

步骤32 使用"直线挤出"工具将曲线挤出一定高度,如图6-95所示。

步骤33 选中主体,执行"实体"|"布尔运算分割"命令,选择挤出曲面,按Enter键确认分割主体,隐藏挤出曲面和曲线,效果如图6-96所示。

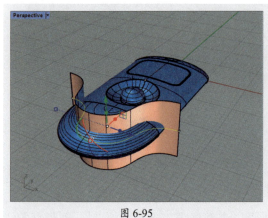

图 6-95

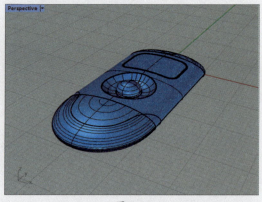

图 6-96

步骤34 执行"不等距边缘圆角"命令,为分割处边缘添加半径为2的圆角,效果如图6-97所示。

步骤35 使用"圆弧:中心点、起点、角度"工具在Top视图中绘制弧线,并使用"偏移曲线/多次偏移"工具将弧线向上偏移4个单位,如图6-98所示。

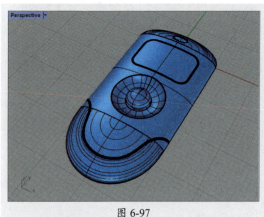

图 6-97

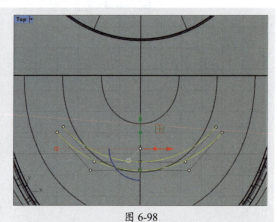

图 6-98

步骤36 执行"曲线"|"圆弧"|"起点、终点、方向"命令,以现有弧线的端点为起点和终点绘制弧线,如图6-99所示。

图 6-99

步骤37 将新绘制的弧线镜像至另一侧，组合弧线为一条封闭的多重曲线，如图6-100所示。

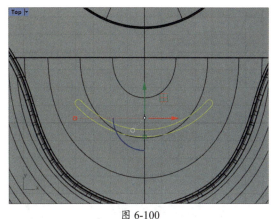

图 6-100

步骤38 执行"实体"|"挤出平面曲线"|"直线"命令，从曲线挤出实体，设置挤出长度为80，如图6-101所示。

步骤39 选中主体，执行"实体"|"差集"命令，选中挤出实体，按Enter键进行布尔差集运算，效果如图6-102所示。

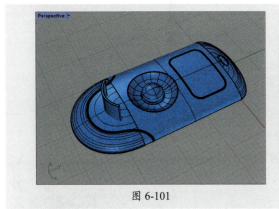

图 6-101

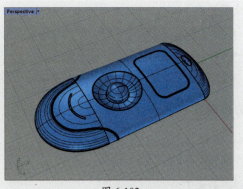

图 6-102

步骤40 执行"不等距边缘圆角"命令，为分割处边缘添加半径为1的圆角，效果如图6-103所示。

步骤41 选中模型，使用三轴缩放形式缩小模型，设置缩放比为0.3，效果如图6-104所示。

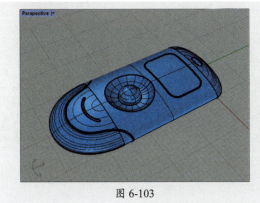

图 6-103

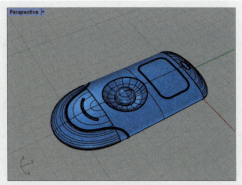

图 6-104

至此，完成儿童手机模型的制作。

课后练习 制作吹风机模型

下面将利用本章所学知识制作吹风机模型,如图6-105、图6-106所示。

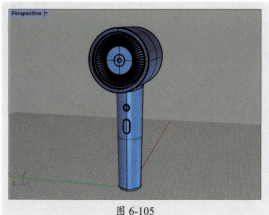
图 6-105

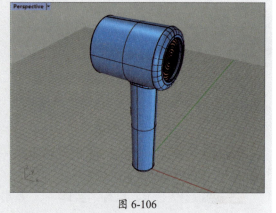
图 6-106

1. 技术要点

- 通过旋转成形功能制作吹风机主体造型。
- 通过曲面偏移和环形阵列功能制作风口。
- 通过混接曲面及曲面倒角功能制作边缘圆角。

2. 分步演示

演示步骤如图6-107所示。

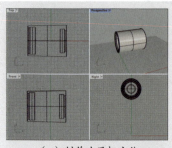
(a)制作吹风机主体

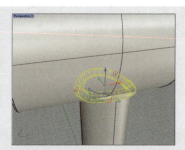
(b)制作把手并混接主体与把手

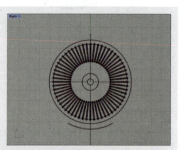
(c)制作出风口

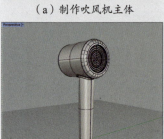
(d)制作尾部

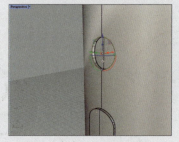
(e)添加按钮

(f)添加圆角

图 6-107

拓展赏析

金银器之葡萄花鸟纹银香囊

葡萄花鸟纹银香囊是唐代一件华丽精美的金银器制品,其精巧的造型及不俗的工艺水平,体现了开放包容的盛唐风采。该香囊于1970年出土于陕西省西安市南郊何家村,现藏于陕西历史博物馆。香囊直径4.5厘米,链长7.5厘米,重36克,是迄今发现直径最大的一件,如图6-108所示。

图 6-108

唐葡萄花鸟纹银香囊造型精妙,整体呈圆球状,通体镂空,表面布满葡萄花鸟纹饰,体现了丝绸之路与西域文化交流的结果;同时该香囊内部构造精巧,通过两层同心圆机环保证了内部金香盂的平衡,镂空的主体又利于香烟飘散,极具实用性,如图6-109所示。

图 6-109

第 7 章

实体的创建与编辑

内容导读

本章将对实体的创建与编辑进行讲解,内容包括立方体、球体等标准实体的创建,挤出曲面、挤出封闭的平面曲线等挤出实体的操作,以及布尔运算、实体倒角、洞等编辑实体的操作等。

思维导图

实体的创建与编辑

编辑实体
- 布尔运算——物件间的数学运算
- 实体倒角——创建倒角效果
- 封闭的多重曲面薄壳——创建薄壳
- 洞——有关洞操作

创建实体
- 创建标准实体——创建规则实体模型
- 挤出实体——创建不规则的实体模型

7.1 创建实体

Rhino中提供了多种创建实体模型的方式，既可以直接创建立方体、球体等标准实体，还可以通过挤出等命令创建不规则实体。本小节将对此进行介绍。

7.1.1 案例解析——制作书签包装盒模型

通过Rhino创建实体可以轻松地制作产品造型，本例将以书签包装盒模型的制作为例展开介绍，具体的操作过程如下。

步骤01 打开Rhino软件，单击侧边工具栏中"立方体：角对角、高度"工具，在命令行中输入0，设置底面的第一角位于工作平面原点，按Enter键确认；输入180，设置底面长度，按Enter键确认；输入42，设置底面宽度，按Enter键确认；输入24，设置高度，按Enter键确认，创建的立方体如图7-1所示。

步骤02 单击"实体工具"工具组中的"封闭的多重曲面薄壳"工具，再单击命令行中的"厚度"选项，输入2，设置厚度，按Enter键确认；在视图中单击立方体的上表面，按Enter键确认，创建的薄壳如图7-2所示。

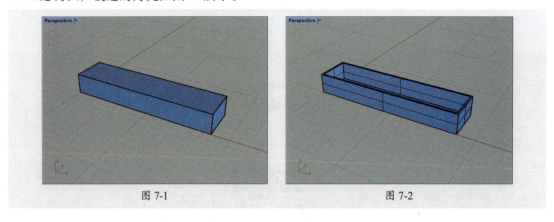

图7-1　　　　　　　　　　　图7-2

步骤03 单击"实体工具"工具组中的"边缘圆角/不等距边缘混接"工具，单击命令行中的"下一个半径"选项，输入0.8设置半径，按Enter键确认；在视图中选中薄壳边缘，如图7-3所示。

步骤04 按Enter键确认创建圆角，效果如图7-4所示。

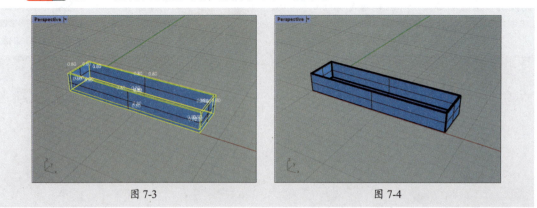

图7-3　　　　　　　　　　　图7-4

步骤 05 使用"多重直线/线段"工具 在Right视图中绘制封闭的多重直线,如图7-5所示。

步骤 06 单击"建立实体"工具组中的"挤出封闭的平面曲线"工具 ,在命令行中输入184,设置挤出长度,按Enter键确认挤出实体,并调整至合适位置,如图7-6所示。

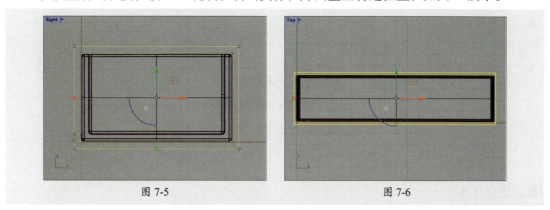

图 7-5　　　　　　　　　　　　　　图 7-6

步骤 07 使用"多重直线/线段"工具 在Front视图中绘制线段,并将其挤出曲面,如图7-7所示。

步骤 08 选中挤出实体,单击"实体工具"工具组中的"布尔运算分割"工具 ,在视图中单击挤出曲面,按Enter键确认分割挤出实体。隐藏多余部分,效果如图7-8所示。

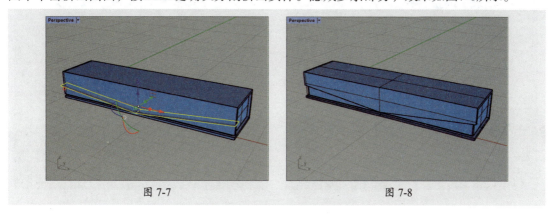

图 7-7　　　　　　　　　　　　　　图 7-8

步骤 09 使用"边缘圆角/不等距边缘混接"工具 为分割后的实体添加半径为0.5的圆角,效果如图7-9、图7-10所示。

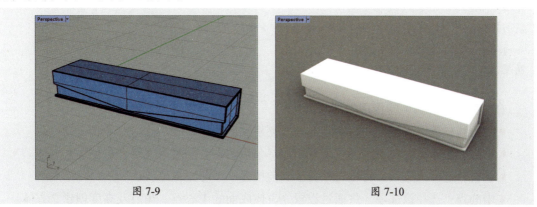

图 7-9　　　　　　　　　　　　　　图 7-10

至此，完成书签包装盒的制作。

7.1.2 创建标准实体——创建规则实体模型

单击侧边工具栏中"立方体：角对角、高度"工具 右下角的"弹出建立实体"按钮 ，在打开的"建立实体"工具组中可以看到Rhino中的大部分实体工具，如图7-11所示。下面将对常用的实体工具进行介绍。

图 7-11

1. 创建立方体

立方体是一种非常常用的实体模型，在Rhino中可以采用多种方式创建立方体。单击侧边工具栏中的"立方体：角对角、高度"工具 或执行"实体"|"立方体"|"角对角、高度"命令，根据命令行中的指令，设置底面的第一角，右击确认，然后设置底面的另一角或长度，右击确认，最后设置高度即可创建立方体，如图7-12、图7-13所示。

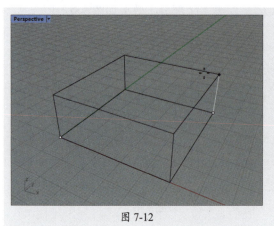

图 7-12

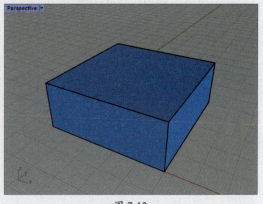

图 7-13

创建立方体时，命令行中的指令如下：

指令: _Box
底面的第一角（对角线（D）三点（P）垂直（V）中心点（C））: 0
底面的另一角或长度（三点（P））
高度，按Enter套用宽度

命令行中部分选项的作用如下。

- **对角线**：选择该选项，将通过对角线创建立方体。
- **三点**：选择该选项，将通过设置矩形一条边的端点及对边上的一点创建立方体。
- **垂直**：选择该选项，将创建垂直于当前构建平面的立方体。
- **中心点**：选择该选项，将通过设置立方体底面的中心点、角点及高度创建立方体。

除了通过命令行中的选项创建立方体外，用户还可以在"建立实体"工具组中单击"立方体：角对角、高度"工具 右下角的"弹出立方体"按钮 ，打开"立方体"工具组选择工具创建立方体，如图7-14所示。

图 7-14

> **操作提示**
> "边框方块/边框方框（工作平面）"工具 是"立方体"工具组中比较特殊的一个立方体工具，使用该工具可以创建一个包含选定对象的立方体。

2. 创建球体

与立方体类似，在Rhino中创建球体也有多种方式。单击"建立实体"工具组中"球体：中心点、半径"工具 右下角的"弹出球体"按钮 ，即可打开"球体"工具组，如图7-15所示。

图 7-15

通过该工具组中的工具，即可以不同的方式创建球体。单击"球体"工具组中的"球体：中心点、半径"工具 或执行"实体"|"球体"|"中心点、半径"命令，根据命令行中的指令，设置球体的中心点及半径，即可创建球体，如图7-16、图7-17所示。

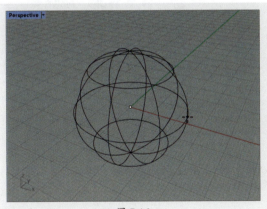

图 7-16

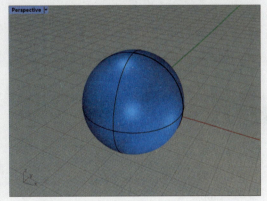

图 7-17

创建球体时，命令行中的指令如下：

指令: _Sphere
球体中心点（两点（P）三点（O）正切（T）环绕曲线（A）四点（I）逼近数个点（F））:0
半径 <1.00>（直径（D）定位（O）周长（C）面积（A）投影物件锁点（P）=否）

命令行中部分选项的作用如下。

- **两点：** 选择该选项，将通过设置球体直径的起点和终点创建球体。
- **三点：** 选择该选项，将通过设置球体圆周的三个点创建球体。
- **正切：** 选择该选项，将通过设置相切曲线创建球体。
- **四点：** 选择该选项，将通过设置圆周的三个点及建立位置的点创建球体。

- **周长**：选择该选项，将通过设置圆周长度创建球体。
- **面积**：选择该选项，将通过设置圆的面积创建球体。

3. 创建椭圆体

在Rhino中，用户可以使用多种工具创建椭圆体。单击"建立实体"工具组中"椭圆体：从中心点"工具右下角的"弹出椭圆体"按钮，即可打开"椭圆体"工具组，如图7-18所示。用户也可以执行"实体"|"椭圆体"命令，在其子菜单中选择命令创建椭圆体，如图7-19所示。

图 7-18　　　　　　　　　　　　　　图 7-19

以"椭圆体：从中心点"工具的使用为例，单击该工具后，根据命令行中的指令，设置椭圆体的中心点，然后设置第一轴终点、第二轴终点及第三轴终点，即可创建椭圆体，如图7-20、图7-21所示。

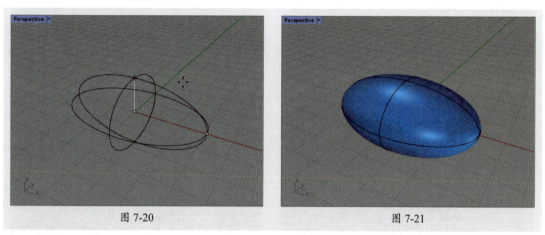

图 7-20　　　　　　　　　　　　　　图 7-21

使用"椭圆体：从中心点"工具创建椭圆体时，命令行中的指令如下：

指令：_Ellipsoid
椭圆体中心点（角（C）直径（D）从焦点（F）环绕曲线（A））：0
第一轴终点（角（C））
第二轴终点
第三轴终点

命令行中部分选项的作用如下。
- **角**：选择该选项，将通过设置椭圆体的两个对角、第三轴的终点创建椭圆体。
- **直径**：选择该选项，将通过设置第一轴的起点、终点及第二轴和第三轴的终点创建椭圆体。
- **从焦点**：选择该选项，将通过设置基础椭圆的焦点创建椭圆体。

4. 创建椎体

椎体包括圆锥体、平顶椎体、棱锥、平顶棱锥等。在Rhino中，用户可以选择相应的椎体工具创建椎体，如图7-22所示。本小节将针对其中4种常见的椎体进行介绍。

图 7-22

（1）圆锥体

单击"建立实体"工具组中的"圆锥体"工具或执行"实体"|"圆锥体"命令，根据命令行中的指令，设置圆锥体的底面及半径，然后设置其顶点位置，即可创建圆锥体，如图7-23、图7-24所示。

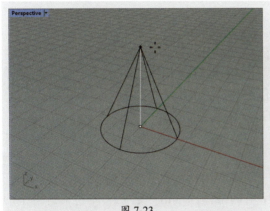
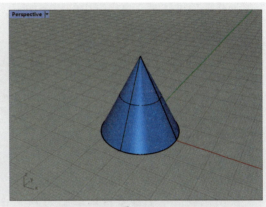

图 7-23　　　　　　　　　　　　图 7-24

创建圆锥体时，命令行中的指令如下：

指令：_Cone
圆锥体底面（方向限制（D）=垂直 实体（S）=是 两点（P）三点（O）正切（T）逼近数个点（F））：0
半径 <66.00>（直径（D）周长（C）面积（A）投影物件锁点（P）=否）
圆锥体顶点 <211.00>（方向限制（D）=垂直）

命令行中部分选项的作用如下。

- **方向限制**：用于设置圆锥的方向，有无、垂直、环绕曲线3种。选择"无"可以创建任意方向的圆锥；选择"垂直"可以创建与构建平面垂直的圆锥；选择"环绕曲线"可以创建与曲线垂直的圆锥。
- **实体**：该选项为"是"时将创建实体。

（2）平顶椎体

平顶椎体是指顶点被平面截掉的圆锥体。单击"建立实体"工具组中的"平顶锥体"工具或执行"实体"|"平顶锥体"命令，根据命令行中的指令，设置圆柱体底面及半径，然后设置圆柱体端点及顶面半径，即可创建平顶椎体，如图7-25、图7-26所示。

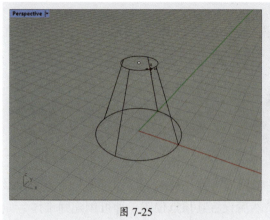
图 7-25

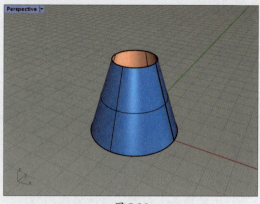
图 7-26

创建平顶椎体时，命令行中的指令如下：

指令：_TruncatedCone
圆柱管底面（方向限制（D）=无 实体（S）=否 两点（P）三点（O）正切（T）逼近数个点（F））：0
底面半径 <1.00>（直径（D）周长（C）面积（A）投影物件锁点（P）=否）
圆柱体端点 <0.00>
顶面半径 <0.00>（直径（D））

（3）棱锥

使用"棱锥"工具 可以绘制类似于金字塔的椎体。单击"建立实体"工具组中的"棱锥"工具 或执行"实体"|"棱锥"命令，根据命令行中的指令，设置内接棱锥中心点、棱锥的角及棱锥顶点，即可创建棱锥，如图7-27、图7-28所示。

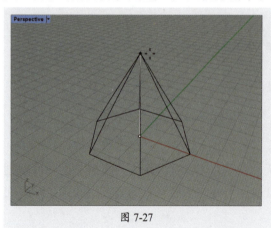
图 7-27

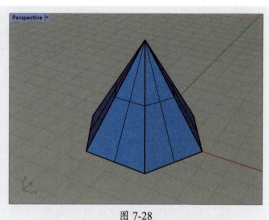
图 7-28

创建棱锥时，命令行中的指令如下：

指令：_Pyramid
内接棱锥中心点（边数（N）=6 模式（M）=内切 边（D）星形（S）方向限制（I）=垂直 实体（O）=是）：0
棱锥的角（边数（N）=6 模式（M）=内切）

棱锥顶点 <200.00>

命令行中部分选项的作用如下。
- **边数**：用于设置棱锥底面多边形的边数。
- **模式**：用于设置底面多边形模式，分为内切和外切两种。
- **边**：选择该选项将通过设置底面多边形的边创建棱锥。

（4）平顶棱锥

平顶棱锥是指顶点被平面截掉的棱锥。单击"建立实体"工具组中的"平顶棱锥"工具 或执行"实体"|"平顶棱锥"命令，根据命令行中的指令，设置平顶棱锥的中心点、角、棱锥顶面中心点及指定点即可创建平顶棱锥，如图7-29、图7-30所示。

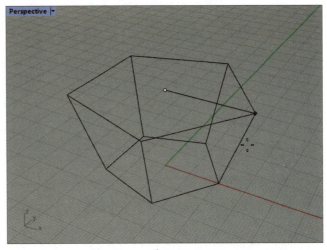

图 7-29

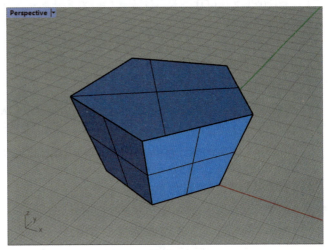

图 7-30

创建平顶棱锥时，命令行中的指令如下：

指令：_TruncatedPyramid
内接平顶棱锥中心点（边数（N）=5 模式（M）=内切 边（D）星形（S）方向限制（I）=垂直 实体（O）=是）：0
平顶棱锥的角（边数（N）=5 模式（M）=内切）
平顶棱锥顶面中心点 <127.00>
指定点

5. 创建圆柱体

圆柱体一般可以通过"圆柱体"工具 或"圆柱体"命令创建。单击"建立实体"工具组中的"圆柱体"工具 或执行"实体"|"圆柱体"命令，根据命令行中的指令，设置圆柱体的底面、半径及端点即可创建圆柱体，如图7-31、图7-32所示。

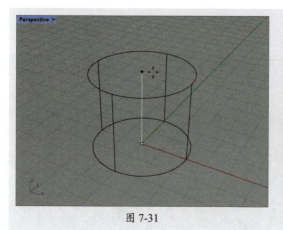

图 7-31

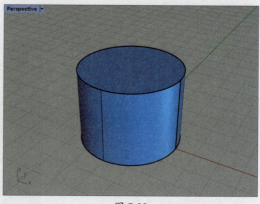

图 7-32

创建圆柱体时，命令行中的指令如下：

指令：_Cylinder
圆柱体底面（方向限制（D）=垂直 实体（S）=是 两点（P）三点（O）正切（T）逼近数个点（F））：0
半径 <9.00>（直径（D）周长（C）面积（A）投影物件锁点（P）=否）
圆柱体端点 <6.00>（方向限制（D）=垂直 两侧（B）=否）

命令行中部分选项的作用如下。
- **方向限制**：用于限制底面圆的方向。
- **两点**：选择该选项，将通过设置底面圆直径的两点创建底面圆，进而创建圆柱体。
- **三点**：选择该选项，将通过设置底面圆周上的三点创建底面圆，进而创建圆柱体。
- **两侧**：该选项为"是"时，将从底面圆向两端拉伸创建圆柱体。

6. 创建圆柱管

使用"圆柱管"工具 可以绘制带有同心圆柱孔的闭合圆柱体。单击"建立实体"工具组中的"圆柱管"工具 或执行"实体"|"圆柱管"命令，根据命令行中的指令，设置圆柱管底面的半径及同心圆半径，然后设置圆柱管的端点，即可创建圆柱管，如图7-33、图7-34所示。

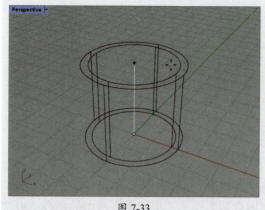

图 7-33

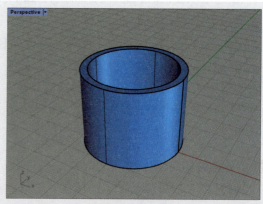

图 7-34

创建圆柱管时，命令行中的指令如下：

指令：_Tube
圆柱管底面（方向限制（D）=垂直 实体（S）=是 两点（P）三点（O）正切（T）逼近数个点（F））：
半径 <27.00>（直径（D）周长（C）面积（A）投影物件锁点（P）=否）
半径 <26.00>（管壁厚度（A）=0.2）
圆柱管的端点 <113.00>（两侧（B）=否）

命令行中部分选项的作用如下。
- **直径：** 选择该选项，将通过设置底面圆直径创建圆柱管。
- **管壁厚度：** 用于设置圆柱管管壁的厚度。

7. 创建环状体

环状体是指类似于甜甜圈形状的实体。单击"建立实体"工具组中的"环状体"工具 或执行"实体"|"环状体"命令，根据命令行中的指令，设置环状体的中心点、半径及第二半径，即可创建环状体，如图7-35、图7-36所示。

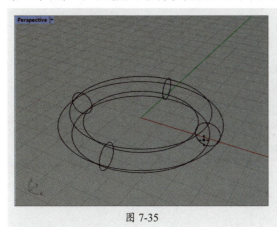
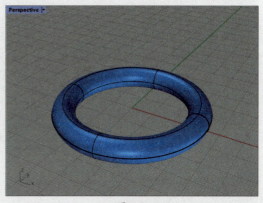

图 7-35　　　　　　　　　　　图 7-36

创建圆柱管时，命令行中的指令如下：

指令：_Torus
环状体中心点（垂直（V）两点（P）三点（O）正切（T）环绕曲线（A）逼近数个点（F））：0
半径 <104.02>（直径（D）定位（O）周长（C）面积（A）投影物件锁点（P）=否）
第二半径 <43.01>（直径（D）固定内圈半径（F）=是）

命令行中部分选项的作用如下。
- **直径：** 用于切换直径或半径设置圆环横截面圆。
- **固定内圈半径：** 该选项为"是"时，将固定圆环内圈尺寸，仅调整外圈尺寸。

8. 创建圆管

Rhino中的圆管分为平头盖和圆头盖两种。平头盖是指圆管两端端口为平面；圆头盖是指圆管两端端口为半球形，用户可以根据需要创建合适造型的圆管。单击"建立实体"工具组中的"圆管（平头盖）"工具 或执行"实体"|"圆管"命令，根据命令行中的指

令，选取路径，并设置起点半径和终点半径即可，如图7-37、图7-38所示。

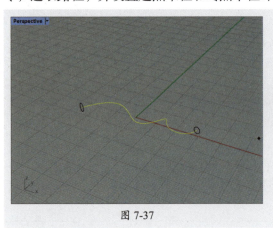
图 7-37

图 7-38

创建圆管时，命令行中的指令如下：

选取路径（连锁边缘（C）数个（M））：_Pause
选取路径（连锁边缘（C）数个（M））
起点半径＜41.00＞（直径（D）输出为（O）=曲面 有厚度（T）=否 加盖（C）=平头 渐变形式（S）=局部 正切点不分割(F)=否）：_Cap=_Flat
起点半径＜41.00＞（直径（D）输出为（O）=曲面 有厚度（T）=否 加盖（C）=平头 渐变形式（S）=局部 正切点不分割（F）=否）：_Thick=_No
起点半径＜41.00＞（直径（D）输出为（O）=曲面 有厚度（T）=否 加盖（C）=平头 渐变形式（S）=局部 正切点不分割（F）=否）：20
终点半径＜20.00＞（直径（D）输出为（O）=曲面 渐变形式（S）=局部 正切点不分割（F）=否）：15
设置半径的下一点，按 Enter 不设置

命令行中部分选项的作用如下。
- **连锁边缘**：选择该选项可以选择连续的多段曲线作为路径创建圆管。
- **数个**：选择该选项可以选择多个曲线建立圆管。
- **输出为**：用于设置输出圆管类型，包括曲面和细分物件两种。
- **有厚度**：选择该选项将创建空心圆管。
- **加盖**：用于设置两端端口，包括无、平头和圆头3种。
- **渐变形式**：用于设置两端端口尺寸不一致时渐变的形式。

7.1.3　挤出实体——创建不规则的实体模型

与挤出曲面类似，用户可以通过挤出曲面或封闭的平面曲线创建实体。本小节将对此进行介绍。

1. 挤出曲面

单击"建立实体"工具组中"挤出曲面"工具 右下角的"弹出挤出建立实体"按钮 ，打开"挤出建立实体"工具组，如图7-39所示。下面将对其中挤出曲面的工具进行介绍。

图 7-39

（1）"挤出曲面"工具

该工具是通过沿直线跟踪曲面边的路径创建实体。单击该工具或执行"实体"|"挤出曲面"|"直线"命令，根据命令行中的指令，选择要挤出的曲面，右击确认，设置挤出长度即可，如图7-40、图7-41所示。

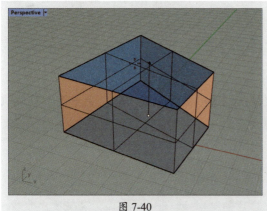

图 7-40

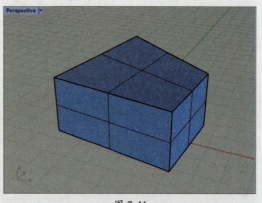

图 7-41

挤出曲面时，命令行中的指令如下：

指令：_ExtrudeSrf
选取要挤出的曲面：_Pause
选取要挤出的曲面
选取要挤出的曲面，按 Enter 完成
挤出长度<0.1>（方向（D）两侧（B）=否 实体（S）=是 删除输入物件（L）=否 至边界（T）
分割正切点（P）=否 设定基准点（A））：_Solid=_Yes
挤出长度<0.1>（方向（D）两侧（B）=否 实体（S）=是 删除输入物件（L）=否 至边界（T）
分割正切点（P）=否 设定基准点（A））

命令行中部分选项的作用如下。
- **方向：** 用于设置挤出方向。
- **两侧：** 该选项为"是"时，将向原曲面的两侧挤出实体。

操作提示

若选中的是曲面，则挤出时将向活动视口构建平面的Z方向挤出；若选中的是平面，则挤出时将向平面的法线方向挤出。

（2）"挤出曲面至点"工具

该工具通过将曲面挤出至一点创建实体。单击该工具或执行"实体"|"挤出曲面"|

"至点"命令，根据命令行中的指令，选择要挤出的曲面，右击确认，然后设置挤出的目标点即可，如图7-42、图7-43所示。

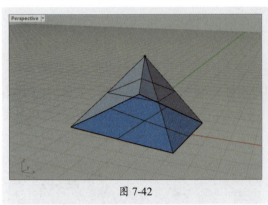
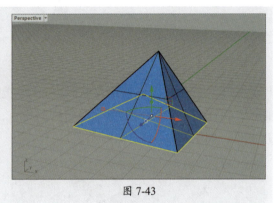

图 7-42　　　　　　　　　　　　　　图 7-43

（3）"挤出曲面成锥状"工具

该工具是通过在指定拔模斜度的直线上跟踪曲面边的路径创建实体。单击该工具或执行"实体"|"挤出曲面"|"锥状"命令，根据命令行中的指令，选择要挤出的曲面，右击确认，设置挤出长度即可，如图7-44、图7-45所示。

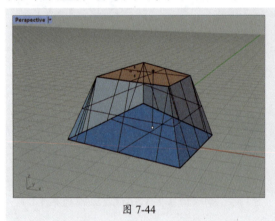
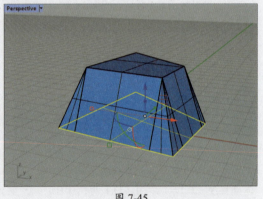

图 7-44　　　　　　　　　　　　　　图 7-45

挤出曲面时，命令行中的指令如下：

```
指令:_ExtrudeSrfTapered
选取要挤出的曲面:_Pause
选取要挤出的曲面
选取要挤出的曲面,按 Enter 完成
挤出长度<131>(方向(D) 拔模角度(R)=-20 实体(S)=是 角(C)=锐角 删除输入物件
  (L)=否 反转角度(F) 至边界(T) 设定基准点(B)):_Solid=_Yes
挤出长度<131>(方向(D) 拔模角度(R)=-20 实体(S)=是 角(C)=锐角 删除输入物件
  (L)=否 反转角度(F) 至边界(T) 设定基准点(B))
```

命令行中部分选项的作用如下。

- **拔模角度：** 用于设置锥度的拔模角度。
- **角：** 用于设置如何处理角连续性，包括锐角、圆角、平滑3种选项。

- **反转角度：** 单击该选项将切换拔模角度方向。

（4）"沿着曲线挤出曲面/沿着副曲线挤出曲面"工具

该工具将通过沿一条路径曲线跟踪曲面边的路径创建实体。单击该工具或执行"实体"|"挤出曲面"|"沿着曲线"命令，根据命令行中的指令，选择要挤出的曲面，右击确认，然后在路径曲线靠近起点处单击，即可创建实体，如图7-46、图7-47所示。

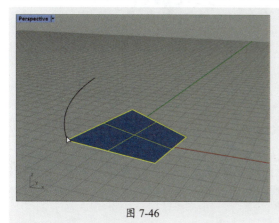

图 7-46

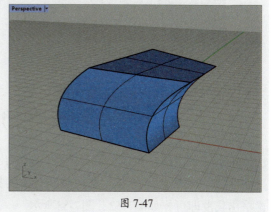

图 7-47

2. 挤出封闭的平面曲线

使用"挤出封闭的平面曲线"、"挤出曲线至点"等工具可以挤出封闭的平面曲线创建实体，下面将对此进行介绍。

（1）"挤出封闭的平面曲线"工具

该工具可以沿直线挤出封闭的平面曲线。单击"建立实体"工具组中的"挤出封闭的平面曲线"工具或执行"实体"|"挤出平面曲线"|"直线"命令，根据命令行中的指令，选取要挤出的曲线，然后设置挤出长度，即可创建实体，如图7-48、图7-49所示。

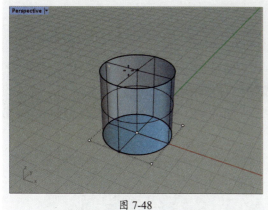

图 7-48

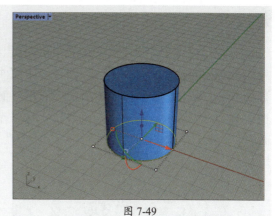

图 7-49

（2）"挤出曲线至点"工具

该工具可以将封闭的平面曲线挤出至一点。单击"挤出建立实体"工具组中的"挤出曲线至点"工具或执行"实体"|"挤出平面曲线"|"至点"命令，根据命令行中的指令，选取要挤出的曲线，右击确认，然后设置挤出的目标点，即可创建实体，如图7-50、图7-51所示。

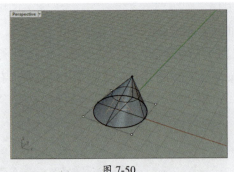
图 7-50

图 7-51

(3)"挤出曲线成锥状"工具

该工具将通过在一条直线上跟踪曲线的路径来创建实体,该直线以指定的拔模斜度向内或向外逐渐变细。

单击"挤出建立实体"工具组中的"挤出曲线成锥状"工具 或执行"实体"|"挤出平面曲线"|"锥状"命令,根据命令行中的指令,选取要挤出的曲线,右击确认,然后设置挤出长度即可,如图7-52、图7-53所示。

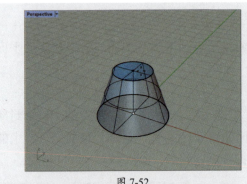
图 7-52

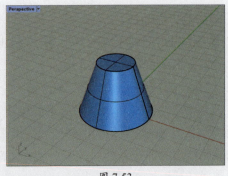
图 7-53

(4)"沿着曲线挤出曲线/沿着副曲线挤出曲线"工具

该工具将通过沿另一条路径曲线,跟踪曲线的路径创建实体。在"挤出建立实体"工具组中单击该工具或执行"实体"|"挤出平面曲线"|"沿着曲线"命令,根据命令行中的指令,选取要挤出的曲线,右击确认,然后在路径曲线靠近起点处单击即可沿着曲线挤出曲线,如图7-54、图7-55所示。

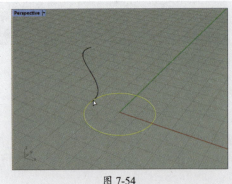
图 7-54

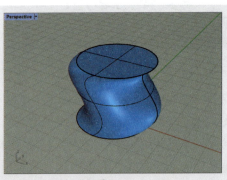
图 7-55

（5）"以多重直线挤出成厚片"工具

该工具将偏移曲线并挤出创建实体。单击该工具或执行"实体"|"厚片"命令，根据命令行中的指令，选取要建立厚片的曲线，并设置偏移侧和距离等，最后设置挤出高度即可创建厚片，如图7-56、图7-57所示。

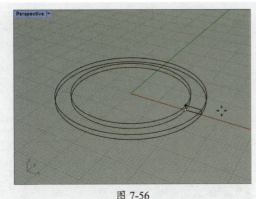

图7-56

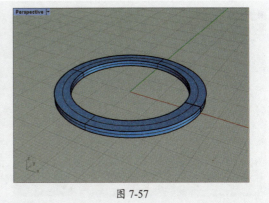

图7-57

使用该工具时，命令行中的指令如下：

指令：_Slab
选取要建立厚片的曲线（距离（D）=50 松弛（L）=否 通过点（T）两侧（B）与工作平面平行（I）=否）
偏移侧（距离（D）=50 松弛（L）=否 通过点（T）两侧（B）与工作平面平行（I）=否）
高度

命令行中部分选项的作用如下。
- **距离：** 用于设置曲线偏移的距离。
- **两侧：** 选择该选项将向选中曲线的两侧偏移。

（6）"凸毂"工具

"凸毂"工具可将垂直于边界平面的封闭的平面曲线向边界曲面拉伸，在该边界曲面上进行修剪并将其连接到边界曲面。单击该工具或执行"实体"|"凸缘"命令，根据命令行中的指令，选取要建立凸缘的平面封闭曲线，右击确认，最后选取边界曲面即可，如图7-58、图7-59所示。

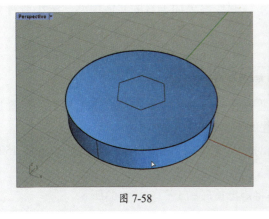

图7-58

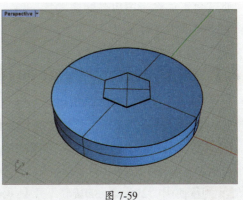

图7-59

（7）"肋"工具

"肋"工具可以沿两个方向将曲线拉伸到边界曲面。单击该工具或执行"实体"|"柱肋"命令，根据命令行中的指令，选取要做柱肋的平面曲线，设置偏移距离等，右击确认，然后选取边界曲面即可，如图7-60、图7-61所示。

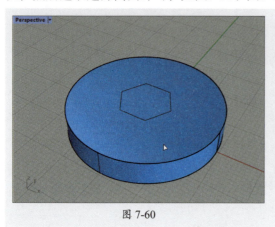
图 7-60

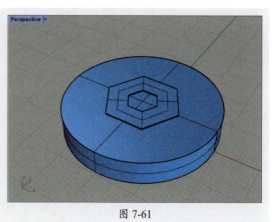
图 7-61

使用该工具时，命令行中的指令如下：

指令：_Rib
选取要做柱肋的平面曲线 <50.00>（偏移（O）=曲线平面 距离（D）=50 模式（M）=直线）
选取要做柱肋的平面曲线，按 Enter 完成 <50.00>（偏移（O）=曲线平面 距离（D）=50 模式（M）=直线）
选取边界 <50.00>（偏移（O）=曲线平面 距离（D）=50 模式（M）=直线）

命令行中部分选项的作用如下。
- **偏移**：用于设置曲线偏移的方向。
- **距离**：用于设置偏移的距离。
- **模式**：用于设置挤出的模式。

7.2 编辑实体

通过布尔运算、倒角等操作处理实体，可以制作出更加丰富的实体模型。本小节将对编辑实体的操作进行说明。

7.2.1 案例解析——制作简易置物架模型

制作实体模型后，通过布尔运算、倒角等操作可以完善模型细节。本例将以简易置物架模型的制作为例展开介绍，具体的操作过程如下。

步骤 01 打开Rhino软件，使用"矩形：角对角"工具在Right视图中绘制一个60×1500大小的矩形，如图7-62所示。

步骤 02 使用"2D旋转/3D旋转"工具将矩形旋转-15°，如图7-63所示。

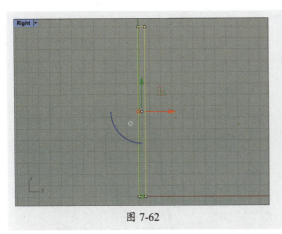
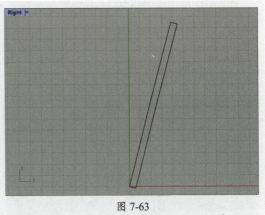

图 7-62　　　　　　　　　　　图 7-63

步骤03 使用"多重直线/线段"工具绘制线段，并修剪掉矩形的多余部分，如图7-64所示。并删除该直线。

步骤04 继续绘制多重直线并修剪，得到如图7-65所示的曲线，然后将其组合为一条封闭的曲线。

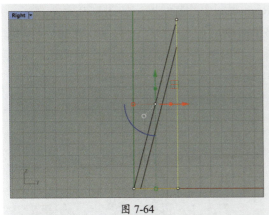
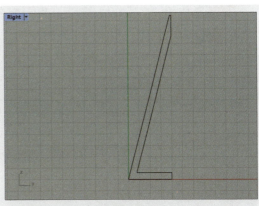

图 7-64　　　　　　　　　　　图 7-65

步骤05 单击"建立实体"工具组中的"挤出封闭的平面曲线"工具，在命令行中输入40，设置挤出长度，按Enter键确认挤出实体，并调整至合适位置，如图7-66所示。

步骤06 复制挤出实体，并将复制物件向右移动640，如图7-67所示。

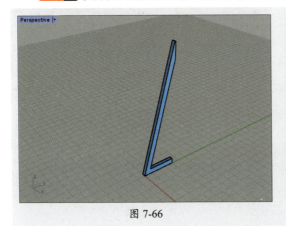
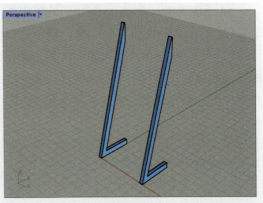

图 7-66　　　　　　　　　　　图 7-67

步骤 07 单击侧边工具栏中的"立方体：角对角、高度"工具，绘制一个60×40×680的立方体，如图7-68所示。

步骤 08 选中所有实体，单击侧边工具栏中的"布尔运算联集"工具，右击确认合并实体，如图7-69所示。

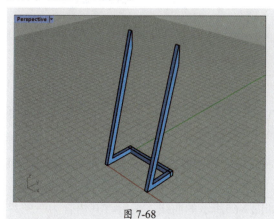

图 7-68

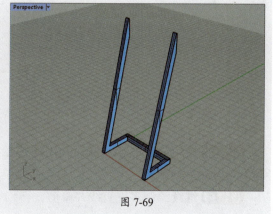

图 7-69

步骤 09 使用"多重直线/线段"工具在Right视图中绘制线段，如图7-70所示。

步骤 10 单击"建立实体"工具组中的"挤出封闭的平面曲线"工具，在命令行中输入600，设置挤出长度，按Enter键确认挤出实体，并调整至合适位置，如图7-71所示。

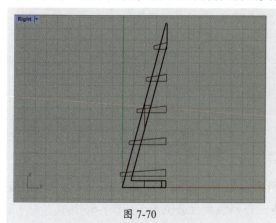

图 7-70

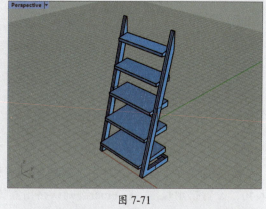

图 7-71

步骤 11 单击"实体工具"工具组中的"封闭的多重曲面薄壳"工具，单击命令行中的"厚度"选项，输入20，设置厚度，按Enter键确认；在视图中单击挤出实体的上表面，按Enter键确认，创建的薄壳如图7-72所示。

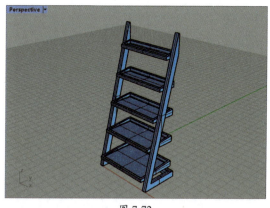

图 7-72

步骤 12 单击"实体工具"工具组中的"边缘圆角/不等距边缘混接"工具，单击命令行中的"下一个半径"选项，输入5设置半径，按Enter键确认；选中实体边缘，效果如图7-73所示。

步骤 13 按Enter键确认创建圆角，如图7-74所示。

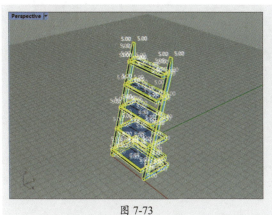

图 7-73

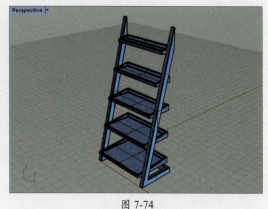

图 7-74

至此，完成置物架模型的制作。

7.2.2 布尔运算——物件间的数学运算

布尔运算是通过数字符号化的逻辑推演法处理图形，从而得到新的图形效果。Rhino中包括联集、差集、相交和分割四种布尔运算方式。下面将对此进行介绍。

1. 布尔运算联集

布尔运算联集可以合并选中的多个实体，也可以合并选中的多个曲面。单击侧边工具栏中的"布尔运算联集"工具 或执行"实体" | "并集"命令，根据命令行中的指令，选取要并集的曲面或多重曲面，右击确认，即可合并选中的实体，如图7-75、图7-76所示。

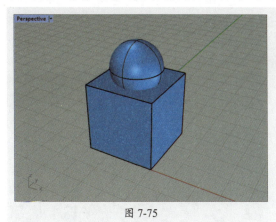

图 7-75

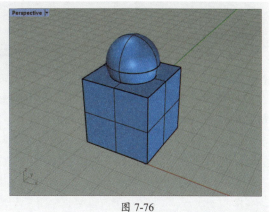

图 7-76

在对曲面与曲面、曲面与实体进行布尔运算时，根据曲面方向的不同，得到的结果也不同。

（1）曲面与曲面

选中视图中的曲面，单击侧边工具栏中的"布尔运算联集"工具，即可合并曲面，如图7-77、图7-78所示。

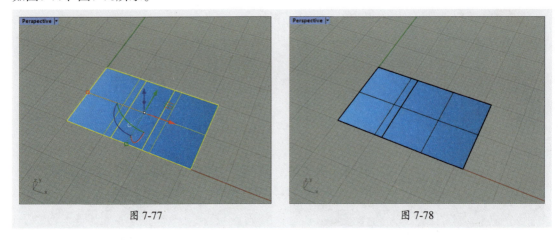

图 7-77　　　　　　　　　　　图 7-78

若选中曲面的方向不一致，如图7-79所示。单击"布尔运算联集"工具后，将得到不同的效果，如图7-80所示。

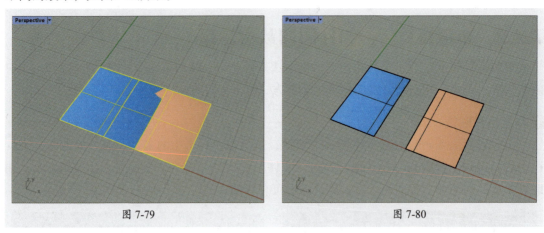

图 7-79　　　　　　　　　　　图 7-80

（2）曲面与实体

单击"布尔运算联集"工具，选中要进行布尔运算联集的曲面和实体，右击确认，即可实现联集运算，如图7-81所示。

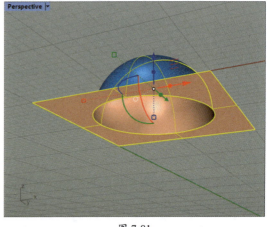

图 7-81

若更改曲面方向，再进行布尔运算联集，即可得到不同的效果，如图7-82所示。

操作提示 曲线与实体进行布尔联集运算时，其交线必须是封闭的曲线。

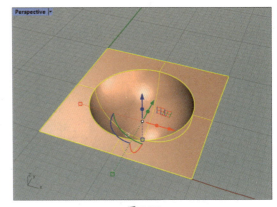

图 7-82

2. 布尔运算差集

布尔运算差集是从一组多重曲面或曲面减去与另一组多重曲面或曲面交集的部分。

单击侧边工具栏中"布尔运算联集"工具右下角的"弹出实体工具"按钮，打开"实体工具"工具组，单击"布尔运算差集"工具或执行"实体"|"差集"命令，根据命令行中的指令，选取要被减去的曲面或多重曲面，右击确认，再选取要减去其他物件的曲面或多重曲面，右击确认即可，如图7-83、图7-84所示。

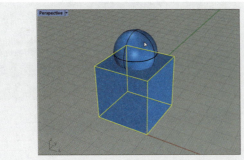

图 7-83

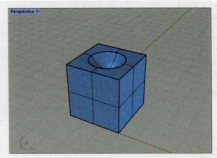

图 7-84

3. 布尔运算相交

布尔运算相交是减去两组曲面或多重曲面未交集的部分，保留相交的部分。

单击"实体工具"工具组中的"布尔运算相交"工具或执行"实体"|"相交"命令，根据命令行中的指令，选择第一组曲面或多重曲面，右击确认，再选取第二组曲面或多重曲面，右击确认即可，如图7-85、图7-86所示。

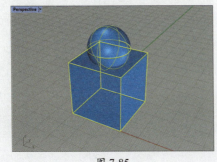

图 7-85

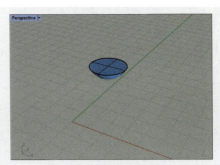

图 7-86

在对曲面与实体进行布尔运算相交时，根据曲面方向的不同，可以得到不同的结果，如图7-87、图7-88、图7-89、图7-90所示。

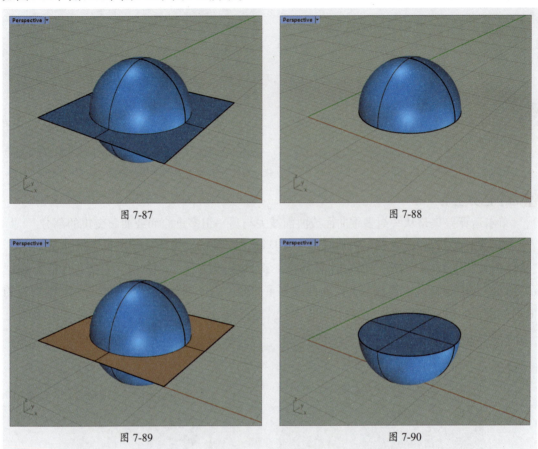

图 7-87　　　　　　　　　　　　　图 7-88

图 7-89　　　　　　　　　　　　　图 7-90

4. 布尔运算分割

布尔运算分割可以分割选定多重曲面或曲面的相交区域，使其成为一个单独的多重曲面。单击"实体工具"工具组中的"布尔运算分割"工具 或执行"实体"|"布尔运算分割"命令，根据命令行中的指令，选取要分割的曲面或多重曲面，右击确认；然后选取切割用曲面或多重曲面，右击确认即可，如图7-91、图7-92所示。

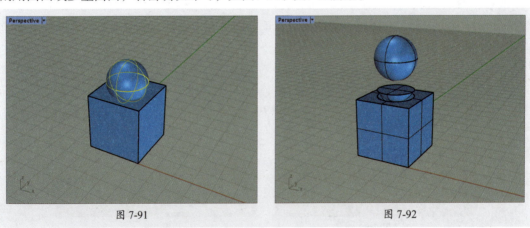

图 7-91　　　　　　　　　　　　　图 7-92

7.2.3 实体倒角——创建倒角效果

实体倒角是Rhino的主要功能之一,通过它可以圆滑地处理三维模型。本小节将对此进行介绍。

1. 边缘圆角

边缘圆角是指修剪原始曲面并将其连接到与之相切的圆角曲面,从而圆滑地过渡实体边缘,使实体造型更加圆润。

单击"实体工具"工具组中的"边缘圆角/不等距边缘混接"工具 或执行"实体"|"边缘圆角"|"不等距边缘圆角"命令,根据命令行中的指令,选取要建立圆角的边缘,右击确认;然后调整圆角控制杆,右击确认即可,如图7-93、图7-94所示为圆角处理前后的效果。

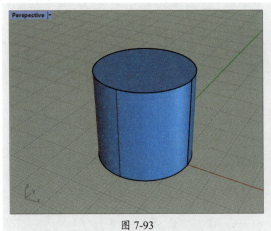
图 7-93

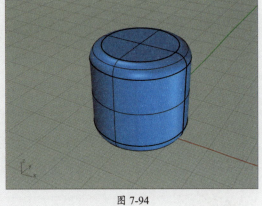
图 7-94

创建圆角时,命令行中的指令如下:

```
指令: _FilletEdge
选取要建立圆角的边缘 (显示半径 (S) =是 下一个半径 (N) =1 连锁边缘 (C) 面的边缘 (F) 预览 (P) =否 编辑 (E))
选取要建立圆角的边缘,按 Enter 完成 (显示半径 (S) =是 下一个半径 (N) =1 连锁边缘 (C) 面的边缘 (F) 预览 (P) =否 编辑 (E))
选取要编辑的圆角控制杆,按 Enter 完成 (显示半径 (S) =是 新增控制杆 (A) 复制控制杆 (C) 设置全部 (T) 连结控制杆 (L) =否 路径造型 (R) =滚球 选取边缘 (D) 修剪并组合 (I) =是 预览 (P) =否)
```

命令行中部分选项的作用如下。

- **显示半径**:该选项为"是"时将在视图中显示当前设置的半径。
- **下一个半径**:设置下一个边缘的半径。
- **连锁边缘**:选择该选项后,仅能选择相邻的边缘。
- **面的边缘**:选择该选项后,通过选择面选择对应的边缘。
- **上次选取的边缘**:选择该选项后,将选择上次选取的边缘进行圆角处理。

- **编辑**：单击该选项，可以对现有的圆角进行编辑。

> **操作提示**
> 在创建倒角时，要遵循先倒大角再倒小角的原则，以免产生破面或其他情况。

2. 不等距边缘混接

使用"不等距边缘混接"命令可以修剪原始曲面并将其连接到曲率连续的混合曲面。

单击"实体工具"工具组中的"边缘圆角/不等距边缘混接"工具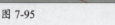或执行"实体"|"边缘圆角"|"不等距边缘混接"命令，根据命令行中的指令，选取要建立混接的边缘，右击确认；然后调整混接控制杆，再右击确认即可，如图7-95、图7-96所示。

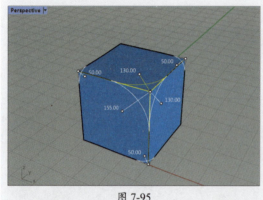

图 7-95

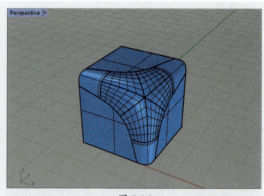

图 7-96

> **操作提示**
> 与设置边缘圆角类似，在创建不等距边缘混接时，同样需要先设置半径，再选取边缘。

3. 边缘斜角

使用"边缘斜角"命令可以修剪原始曲面并将其连接到对应的直纹曲面。单击"实体工具"工具组中的"边缘斜角"工具 或执行"实体"|"边缘圆角"|"不等距边缘斜角"命令，根据命令行中的指令，选取要建立斜角的边缘，右击确认；选取要编辑的斜角控制杆并进行编辑，最后右击确认即可，如图7-97、图7-98所示。

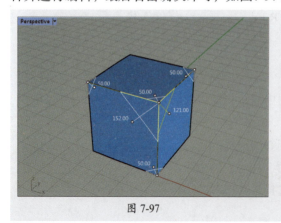

图 7-97

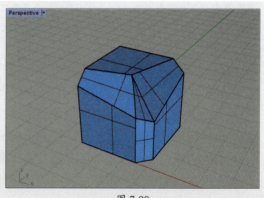

图 7-98

创建斜角时，命令行中的指令如下：

指令：_ChamferEdge
选取要建立斜角的边缘（显示斜角距离（S）=是 下一个斜角距离（N）=1 连锁边缘（C）面的边缘（F）预览（P）=否 编辑（E））
选取要建立斜角的边缘，按Enter完成（显示斜角距离（S）=是 下一个斜角距离（N）=1 连锁边缘（C）面的边缘（F）预览（P）=否 编辑（E））
选取要编辑的斜角控制杆，按Enter完成（显示斜角距离（S）=是 新增控制杆（A）复制控制杆（C）设置全部（T）连结控制杆（L）=否 路径造型（R）=滚球 选取边缘（D）修剪并组合（I）=是 预览（P）=否）

命令行中部分选项的作用如下。
- **显示斜角距离**：该选项为"是"时，将在视图中显示当前设置的斜角距离。
- **下一个斜角距离**：用于设置下一个边缘的斜角距离。

7.2.4 封闭的多重曲面薄壳——创建薄壳

使用"封闭的多重曲面薄壳"工具 可以从实体创建一个空的薄壳。单击"实体工具"工具组中的"封闭的多重曲面薄壳"工具 ，根据命令行中的指令，单击"厚度"选项，设置厚度；然后选取封闭的多重曲面要移除的面，右击确认即可，如图7-99、图7-100所示。

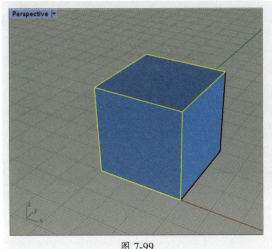
图 7-99

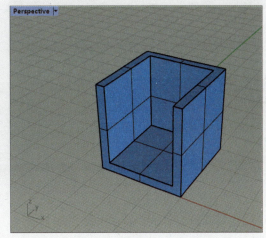
图 7-100

7.2.5 洞——有关洞的操作

Rhino中提供了一些与洞相关的命令及工具，可以帮助用户进行添加孔洞、给洞加盖等操作。本小节将对此进行介绍。

1. 将平面洞加盖

"将平面洞加盖"命令可以使用平面填充曲面或多曲面中的洞口，使其形成封闭的整体。要注意的是，洞口必须具有闭合的平面边缘。单击"实体工具"工具组中的"将平面

洞加盖"工具 或执行"实体"|"将平面洞加盖"命令，根据命令行中的指令，选取要加盖的物件，右击确认即可，如图7-101、图7-102所示。

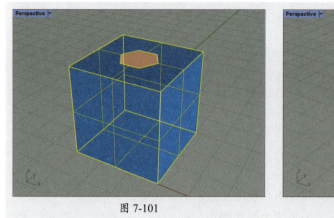
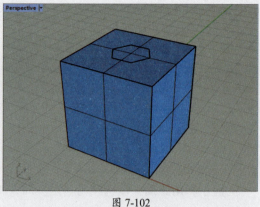

图 7-101　　　　　　　　　　　图 7-102

2. 建立圆洞

"建立圆洞"命令可以在曲面或多重曲面上创建圆洞。单击"实体工具"工具组中的"建立圆洞"工具 或执行"实体"|"实体编辑工具"|"洞"|"建立圆洞"命令，根据命令行中的指令，选取目标曲面，然后设置中心点，右击确认，即可在选中的曲面上创建圆洞，如图7-103、图7-104所示。

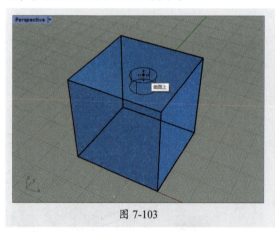
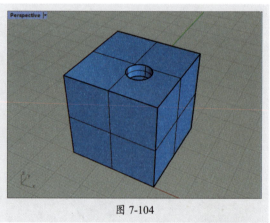

图 7-103　　　　　　　　　　　图 7-104

建立圆洞时，命令行中的指令如下：

指令:_RoundHole
选取目标曲面
中心点（深度（D）=1.5 半径（R）=4 钻头尖端角度（I）=120 贯穿（T）=否 方向（C）=工作平面法线）:深度
深度的第一点 <1.50>
第二点
中心点（深度（D）=48 半径（R）=4 钻头尖端角度（I）=120 贯穿（T）=否 方向（C）=工作平面法线）
中心点（深度（D）=48 半径（R）=4 钻头尖端角度（I）=120 贯穿（T）=否 复原（U）方向（C）=工作平面法线）

命令行中部分选项的作用如下。
- **深度**：用于设置洞的深度。
- **半径**：用于设置洞的半径或直径。
- **钻头尖端角度**：用于设置洞底部的角度，当角度为180°时，洞底是平的。
- **贯穿**：选择该选项，将忽略深度设置，洞将完全切穿实体。
- **方向**：用于设置洞的方向，包括"曲线法线""工作平面法线"和"指定"3种类型。

3. 建立洞

"建立洞"命令可以将选定的闭合曲线投影到曲面或多重曲面，再根据投影曲线的形状建立洞。单击"实体工具"工具组中的"建立洞/放置洞"工具 或执行"实体"|"实体编辑工具"|"洞"|"建立洞"命令，根据命令行中的指令，选取封闭的平面曲线，右击确认；然后选取曲面或多重曲面，右击确认，最后设置深度点即可，如图7-105、图7-106所示。

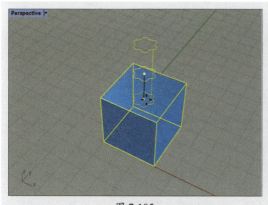
图 7-105

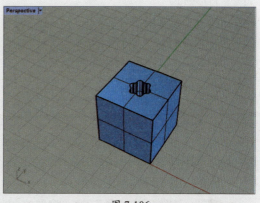
图 7-106

建立洞时，命令行中的指令如下：

指令: _MakeHole
选取封闭的平面曲线
选取封闭的平面曲线，按 Enter 完成
选取曲面或多重曲面
选取曲面或多重曲面，按 Enter 完成
深度点，按 Enter 切穿物件（方向（D）=与曲线垂直 删除输入物件（L）=是 两侧（B）=是）

命令行中部分选项的作用如下。
- **方向**：用于设置洞拉伸的方向。
- **删除输入物件**：该选项为"是"时，将删除原始的曲线。

"放置洞"命令可以将闭合曲线投影到曲面或多重曲面，以定义具有指定深度和旋转角度的洞。

右击"建立洞/放置洞" 工具或执行"实体"|"实体编辑工具"|"洞"|"放置洞"命令，根据命令行中的指令，选取封闭的平面曲线，设置洞的基准点和朝上的方向，然后选择目标曲面后设置深度和旋转角度，右击确认即可，如图7-107、图7-108所示。

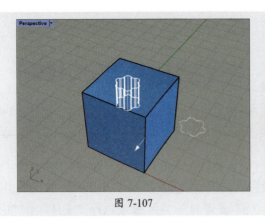
图 7-107

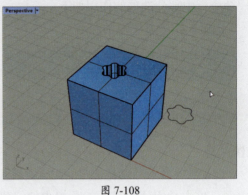
图 7-108

放置洞时，命令行中的指令如下：

指令：_PlaceHole
选取封闭的平面曲线
洞的基准点 <-4.08,99.64,263.00>
洞朝上的方向 <53.21,28.54,263.00>
目标曲面
曲面上的点（方向（D）=曲面法线）
目标点（深度（D）=100 贯穿（T）=否 旋转角度（R）=0）

命令行中部分选项的作用如下。
- **深度：**用于设置洞的深度。
- **贯穿：**该选项为"是"时，将忽略深度设置，将洞贯穿实体。
- **旋转角度：**用于设置洞的角度。

4. 旋转成洞

"旋转成洞"命令通过围绕轴旋转定义曲面形状，从多重曲面中减去洞体积，从而在多重曲面中创建洞。

单击"实体工具"工具组中的"旋转成洞"工具 或执行"实体"|"实体编辑工具"|"洞"|"旋转成洞"命令，根据命令行中的指令，选取轮廓曲线，选取曲线基准点，选取目标面，设置洞的中心点，最后右击确认即可，如图7-109、图7-110所示。

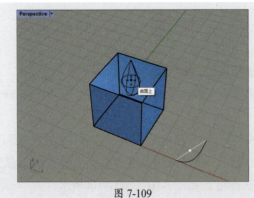
图 7-109

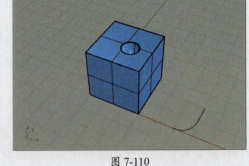
图 7-110

旋转成洞时，命令行中的指令如下：

指令:_RevolvedHole
选取轮廓曲线
曲线基准点
选取目标面
洞的中心点（反转（F））
洞的中心点（反转（F）复原（U））

命令行中部分选项的作用如下。
- **反转**：选择该选项，将反转方向。
- **复原**：选择该选项，将撤销上一步操作。

5. 编辑洞

洞创建完成后，若想对其进行复制、移动、镜像、阵列等操作，可以通过"洞"的子命令或相应的工具实现。本小节将对此进行介绍。

（1）移动洞

"将洞移动"命令可以移动实体上洞的位置。单击"实体工具"工具组中的"将洞移动/复制一个平面上的洞"工具 或执行"实体"|"实体编辑工具"|"洞"|"将洞移动"命令，根据命令行中的指令，选取一个平面上的洞，右击确认，设置移动的起点和终点，即可移动洞，如图7-111、图7-112所示。

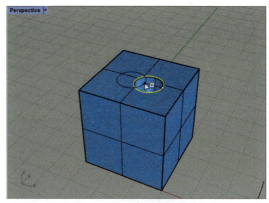

图 7-111

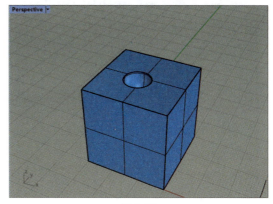

图 7-112

（2）复制洞

"将洞复制"命令可以复制洞。单击"将洞移动/复制一个平面上的洞"工具 或执行"实体"|"实体编辑工具"|"洞"|"将洞复制"命令，根据命令行中的指令，选取一个平面上的洞，右击确认；设置复制的起点和终点，右击确认即可复制洞，如图7-113、图7-114所示。

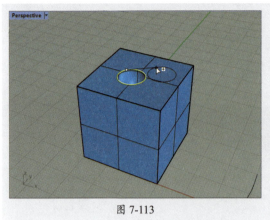
图 7-113

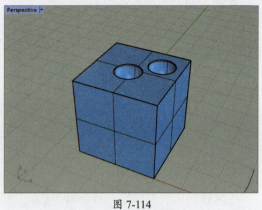
图 7-114

复制洞时,用户可以设置多个终点,复制多个洞。

(3) 旋转洞

"将洞旋转"命令可以将洞旋转一定的角度,从而得到不同的效果。单击"实体工具"工具组中的"将洞旋转"工具 或执行"实体"|"实体编辑工具"|"洞"|"将洞旋转"命令,根据命令行中的指令,选取一个平面上的洞,设置旋转中心点,然后设置角度或第一参考点,最后设置第二参考点即可,如图7-115、图7-116所示。

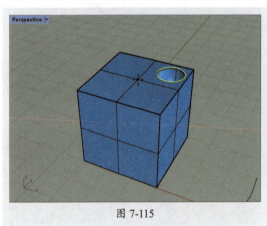
图 7-115

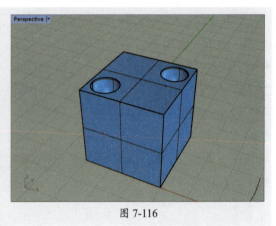
图 7-116

旋转洞时,命令行中的指令如下:

指令: _RotateHole
选取一个平面上的洞
旋转中心点(复制(C)=是)
角度或第一参考点 <5156.62>(复制(C)=是)
第二参考点(复原(U))

当命令行中的"复制"选项为"是"时,将复制并旋转洞。

(4) 镜像洞

"将洞镜像"命令可以将同一曲面中的洞以指定的镜像轴镜像。执行"实体"|"实体编辑工具"|"洞"|"将洞镜像"命令,根据命令行中的指令,选取同一个平面上的洞,右

击确认,再设置镜像轴的起点和终点,即可镜像洞,如图7-117、图7-118所示。

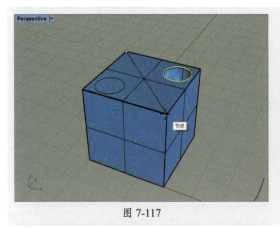

图7-117

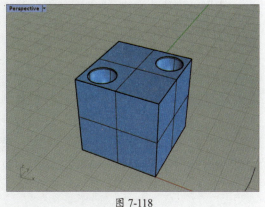

图7-118

镜像洞时,若命令行中的"复制"选项为"是",将复制并镜像洞。

(5)阵列洞

"以洞做阵列"命令可以按指定的行数和列数复制曲面中的洞。

单击"实体工具"工具组中的"以洞做阵列"工具 或执行"实体"|"实体编辑工具"|"洞"|"以洞做阵列"命令,根据命令行中的指令,选取一个平面上要做阵列的洞,设置A方向和B方向洞的数目,然后设置基准点、A的方向和距离、B的方向和距离,右击确认即可,如图7-119、图7-120所示。

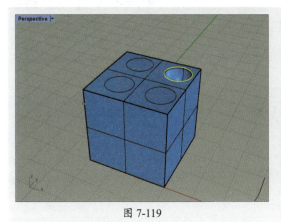

图7-119

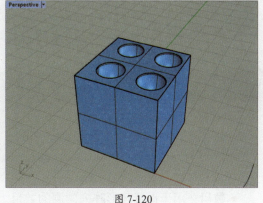

图7-120

阵列洞时,命令行中的指令如下:

```
指令: _ArrayHole
选取一个平面上要做阵列的洞
B方向洞的数目 <1>(矩形(R)=是):2
基准点(矩形(R)=是)
A的方向和距离(矩形(R)=是)
B的方向和距离(矩形(R)=是 使用A间距(U)=否)
按Enter接受(A数目(A)=2 A间距(S)=70.3051 A方向(D) B数目(B)=2 B间距(P)=47
矩形(R)=是)
```

命令行中部分选项的作用如下。
- **矩形**：该选项为"是"时，A方向与B方向垂直。
- **A方向**：阵列的第一个方向。
- **B方向**：阵列的第二个方向。

（6）环形阵列洞

"以洞做环形阵列"命令可以以环形复制洞。

单击"实体工具"工具组中的"以洞做环形阵列"工具 或执行"实体"|"实体编辑工具"|"洞"|"以洞做环形阵列"命令，根据命令行中的指令，选取一个平面上要做阵列的洞，设置环形阵列中心点，然后设置洞的数目及旋转角度总和，右击确认即可，如图7-121、图7-122所示。

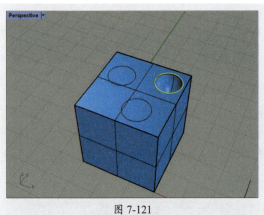

图 7-121　　　　　　　　　图 7-122

环形阵列洞时，命令行中的指令如下：

指令：_ArrayHolePolar
选取一个平面上要做阵列的洞
环形阵列中心点
按 Enter 接受（数目（N）=3 角度（A）=360）

命令行中部分选项的作用如下。
- **数目**：用于设置环形阵列的洞的数目。
- **角度**：用于设置旋转角度的总和。

操作提示　若阵列的洞发生碰撞，将会导致部分洞无法阵列出来。

（7）删除洞

若想删除多余的洞，单击"实体工具"工具组中的"将洞删除/删除所有洞"工具 或执行"实体"|"实体编辑工具"|"洞"|"将洞删除"命令，然后选取要删除的洞即可。单击"将洞删除/删除所有洞"工具 ，选择要删除所有洞的面可删除该面上所有的洞。

课堂实战 制作多士炉模型

本案例将练习制作多士炉模型,以巩固前面所学的知识。具体操作过程介绍如下。

步骤01 打开Rhino软件,使用"控制点曲线"工具 在Front视图中绘制一条曲线,如图7-123所示。

步骤02 选中绘制的曲线,执行"变动"|"镜像"命令,以Z轴为镜像中心镜像曲线,如图7-124所示。

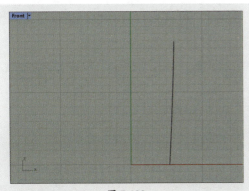
图 7-123

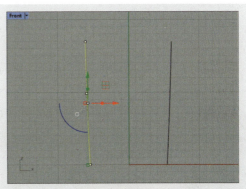
图 7-124

步骤03 按住Alt键沿Y轴复制曲线,并调整曲线位置,如图7-125所示。

步骤04 使用相同的方法复制曲线并调整位置,如图7-126所示。

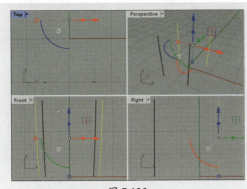
图 7-125

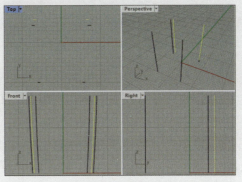
图 7-126

步骤05 使用"控制点曲线"工具 在Right视图中绘制一条曲线,高度与其他曲线一致,如图7-127所示。

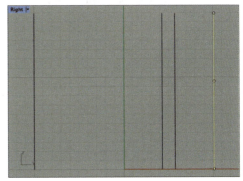
图 7-127

步骤06 使用"放样"工具 依次选择曲线，按Enter键确认，如图7-128所示。

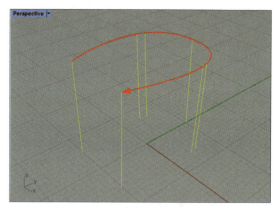

图 7-128

步骤07 打开"放样选项"对话框，保持默认设置，单击"确定"按钮得到曲面，如图7-129所示。

步骤08 使用相同的方法放样曲线得到曲面，如图7-130所示。

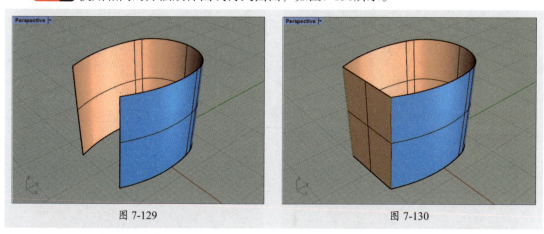

图 7-129　　　　　　　　　　　　　图 7-130

步骤09 选中所有曲面，单击"组合"工具 ，将其组合为一个开放的多重曲面，如图7-131所示。

步骤10 单击"实体工具"工具组中的"将平面洞加盖"工具 ，选择多重曲面后按Enter键，将上下两个缺口加盖，如图7-132所示。

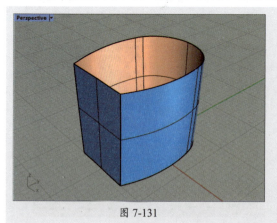 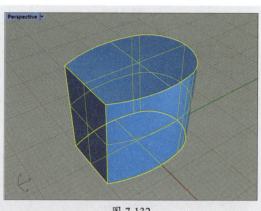

图 7-131　　　　　　　　　　　　　图 7-132

186

步骤 11 单击"实体工具"工具组中的"边缘圆角/不等距边缘混接"工具，单击命令行中的"下一个半径"选项，设置下一个圆角半径为20，按Enter键确认；在视图中单击要创建圆角的边，如图7-133所示。

步骤 12 根据命令行中的指令，按Enter键两次创建圆角，如图7-134所示。

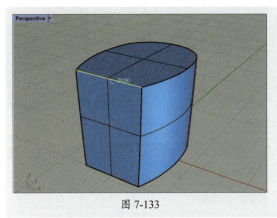
图 7-133

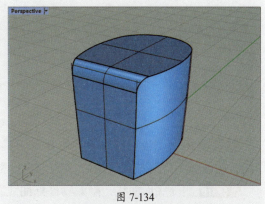
图 7-134

步骤 13 单击"实体工具"工具组中的"边缘斜角"工具，单击命令行中的"下一个斜角距离"选项，设置下一个距离为4，按Enter键确认；在视图中单击要创建斜角的边，如图7-135所示。

步骤 14 根据命令行中的指令，按Enter键两次创建斜角，如图7-136所示。选择所有曲线按Ctrl+H组合键隐藏。

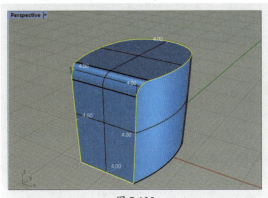
图 7-135

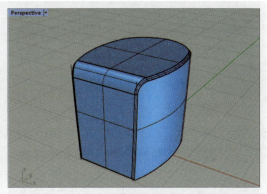
图 7-136

步骤 15 选中物件，单击"炸开/抽离曲面"工具将其炸开。选中侧面曲面，按Ctrl+L组合键锁定。选中其余曲面，单击"组合"工具将其组合为整体，如图7-137所示。按Ctrl+Alt+L组合键解锁锁定曲面。

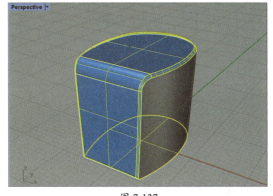
图 7-137

步骤 16 使用"圆角矩形/圆锥角矩形"工具，在Top视图中绘制122×25.5、圆角半径为12.75的圆角矩形和146×101、圆角半径为39的圆角矩形，如图7-138所示。

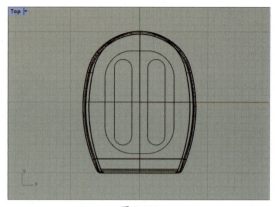

图 7-138

步骤 17 单击"投影曲线或控制点"工具，选择绘制的圆角矩形按Enter键确认；选择组合曲面作为投影曲面，按Enter键创建投影，如图7-139所示。

步骤 18 删除底面曲线，隐藏物件外曲线，如图7-140所示。

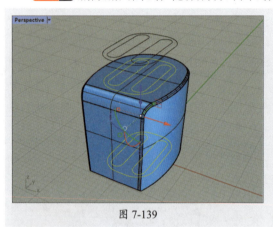

图 7-139

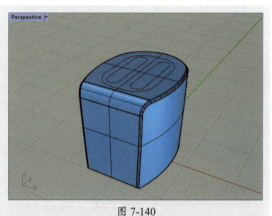

图 7-140

步骤 19 执行"编辑"|"分割"命令，选择组合曲面，按Enter键确认；选择投影曲线作为切割用物件，按Enter键确认切割组合曲面，如图7-141所示。

步骤 20 选择多余的两个曲面并将其删除，如图7-142所示。

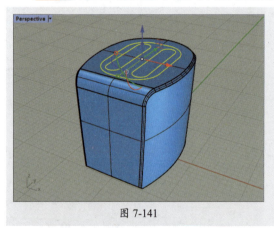

图 7-141

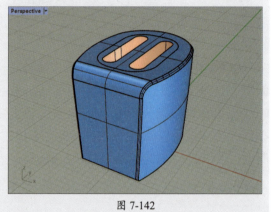

图 7-142

步骤 21 使用"圆角矩形/圆锥角矩形"工具，在Front视图中绘制16×113、圆角半径为

8的圆角矩形，如图7-143所示。

步骤22 使用"圆：中心点、半径"工具 ⊙ 在Front视图中绘制半径为20的圆，如图7-144所示。

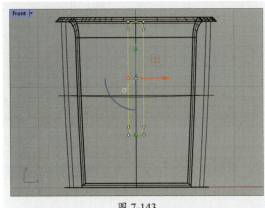

图 7-143　　　　　　　　　　图 7-144

步骤23 使用"修剪/取消修剪"工具 修剪圆角矩形和圆，如图7-145所示。

步骤24 使用"曲线圆角"工具 在修剪处添加半径为8的圆角，如图7-146所示。

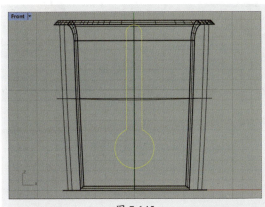
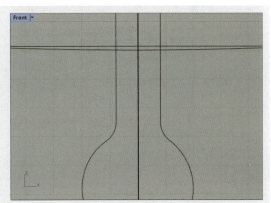

图 7-145　　　　　　　　　　图 7-146

步骤25 选中修剪后的曲线及圆角部分，单击"组合"工具 ，将其组合为封闭曲线，如图7-147所示。

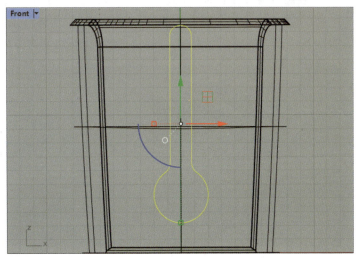

图 7-147

步骤26 使用"圆角矩形/圆锥角矩形"工具在Front视图中绘制88×4、圆角半径为4的圆角矩形；使用"圆：中心点、半径"工具在Front视图中绘制半径为14的圆，如图7-148所示。

操作提示
步骤26中要明确投影方向。

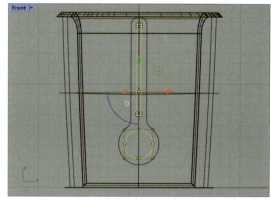

图 7-148

步骤27 单击"投影曲线或控制点"工具，再单击命令行中的"方向"选项，选择方向为视图；在Front视图中选择组合后的曲线、新绘制的圆角矩形和圆，按Enter键确认；选择组合曲面作为投影曲面，按Enter键确认创建投影，如图7-149所示。隐藏多余曲线。

步骤28 执行"编辑"|"分割"命令，选择组合曲面按Enter键确认；选择投影曲线作为切割用物件，按Enter键确认切割组合曲面，如图7-150所示。

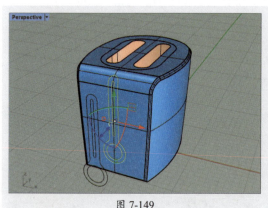

图 7-149

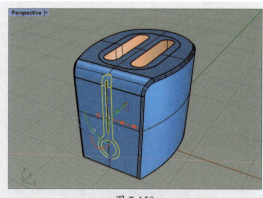

图 7-150

步骤29 删除多余曲面，隐藏曲线，如图7-151所示。

步骤30 选择顶部分割后的曲面，单击"建立实体"工具组中的"挤出曲面"工具，在命令行中设置挤出长度为10，按Enter键确认挤出实体，如图7-152所示。

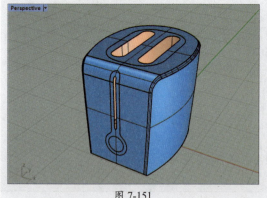

图 7-151

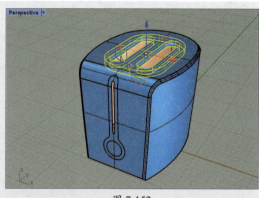

图 7-152

步骤 31 选中Front视图中分割后的曲面，使用"偏移曲面"工具 ![icon] 将其向内偏移1，如图7-153所示。

步骤 32 选中除偏移曲面以外的曲面及多重曲面，按Ctrl+L组合键锁定。使用"边缘圆角/不等距边缘混接"工具 ![icon] 为偏移曲面边缘添加半径为0.3的圆角，如图7-154所示。

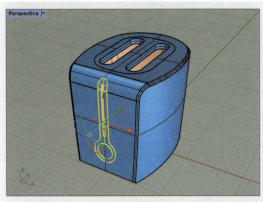

图 7-153

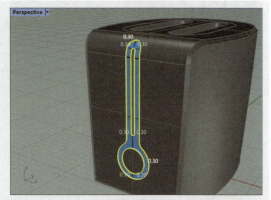

图 7-154

操作提示

步骤32中需偏移出实体。

步骤 33 根据命令行中的指令按Enter键确认，按Ctrl+Alt+L组合键解锁锁定物件，如图7-155所示。

步骤 34 锁定除顶部挤出实体的物件，使用相同的方法为顶部边缘添加半径为1的圆角，按Enter键确认，如图7-156所示。

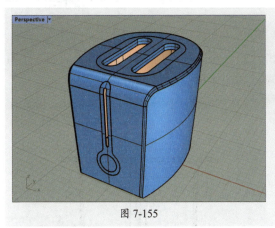

图 7-155

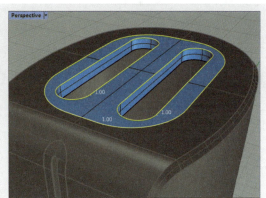

图 7-156

步骤 35 按Ctrl+Alt+L组合键解锁锁定物件，如图7-157所示。

步骤 36 选择其他曲面，使用"偏移曲面"工具 ![icon] 将其向内偏移1个单位，如图7-158所示。

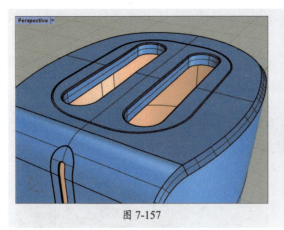

图 7-157

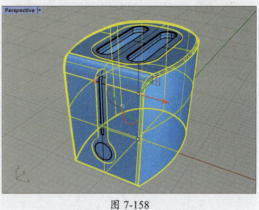

图 7-158

步骤37 使用"边缘圆角/不等距边缘混接"工具 为选中边缘添加半径为1的圆角,如图7-159所示。

步骤38 按Enter键确认,效果如图7-160所示。

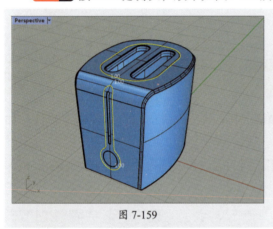

图 7-159

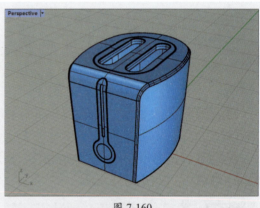

图 7-160

步骤39 选择Front视图中的圆形曲面,单击"建立实体"工具组中的"挤出曲面"工具,在命令行中设置挤出长度为7,按Enter键确认挤出实体,如图7-161所示。

步骤40 使用"圆角矩形/圆锥角矩形"工具 在Front视图中绘制一个20×10、圆角半径为4的圆角矩形,如图7-162所示。

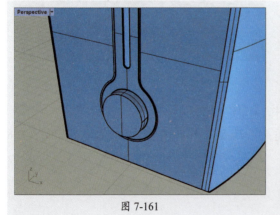

图 7-161

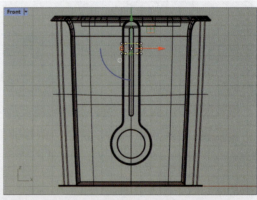

图 7-162

步骤 41 使用"挤出封闭的平面曲线"工具将曲线挤出10个单位，并调整至合适位置，如图7-163所示。

步骤 42 使用"边缘圆角/不等距边缘混接"工具为挤出的圆形实体和圆角矩形实体边缘添加半径为1的圆角，如图7-164所示。

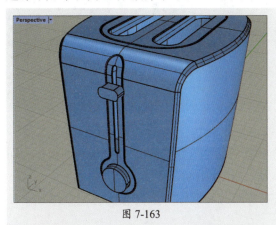
图 7-163

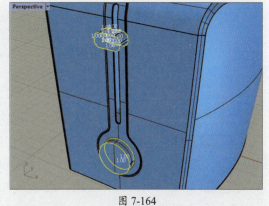
图 7-164

步骤 43 按Enter键确认，效果如图7-165所示。将圆形实体向内移动1个单位。

步骤 44 使用"多重直线/线段"工具在Right视图中绘制线段，如图7-166所示。

图 7-165

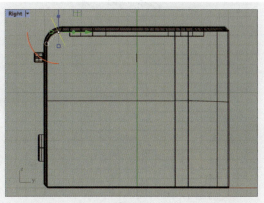
图 7-166

步骤 45 使用"挤出封闭的平面曲线"工具将线段挤出，如图7-167所示。

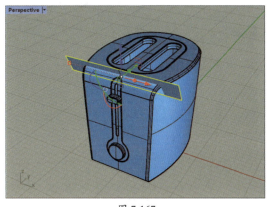
图 7-167

步骤 46 选中如图7-168所示的实体。

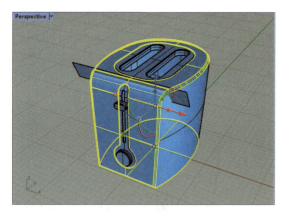

图 7-168

步骤 47 单击"实体工具"工具组中的"布尔运算分割"工具 ，选择挤出曲面作为切割用曲面，按Enter键，将选中实体分割为两部分，如图7-169所示。

步骤 48 隐藏挤出曲面，使用"边缘圆角/不等距边缘混接"工具 为分割处添加半径为0.5的圆角，如图7-170所示。

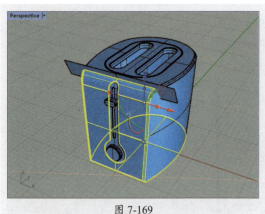

图 7-169

图 7-170

步骤 49 按Enter键确认，效果如图7-171所示。

步骤 50 至此，完成多士炉模型的制作，如图7-172所示。

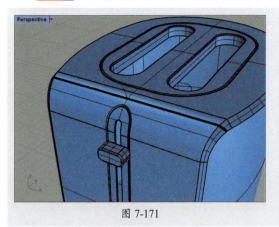

图 7-171

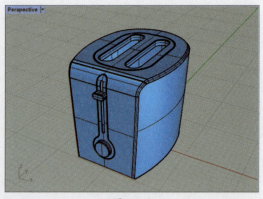

图 7-172

课后练习 制作蓝牙音箱模型

下面将利用本章学习的知识制作蓝牙音箱模型,如图7-173、图7-174所示。

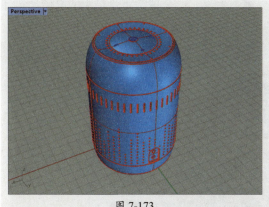

图 7-173

图 7-174

1. 技术要点

- 通过圆柱体、球体等工具创建主体。
- 通过布尔运算、实体倒角进行造型。

2. 分步演示

演示步骤如图7-175所示。

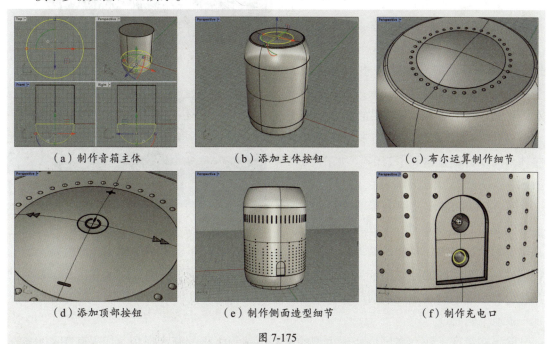

（a）制作音箱主体　　（b）添加主体按钮　　（c）布尔运算制作细节

（d）添加顶部按钮　　（e）制作侧面造型细节　　（f）制作充电口

图 7-175

拓展赏析

大国重器：徐工DE400采矿自卸汽车

徐工集团生产的DE400采矿自卸汽车是世界第二大汽车、全球载重量最大的电传动自卸车。它功率高达3650马力，采用4×2的电传动方式，最高行驶速度50km/h，如图7-176所示。

图7-176

作为矿用机械设备，DE400矿用自卸车是我国机械制造业的骄傲。这款矿车载重能力可达到400吨，它是普通卡车载重量的10倍。当然，这款矿车的体积也十分巨大，光一个轮胎的直径就达4.03米，如图1-29所示。已超过了普通居民楼1层的高度。整个车身高达7.6米，车外观长15米，宽10米，整体形成了自重就达到了260吨，如图7-177所示。

图7-177

这款DE400矿车使用电传动控制方式，能够精确进行系统承重，装满400吨货物，只需要短短的24秒，这样的效率让人惊叹。此外，这款矿车还有一个优势，那就是车轮的特殊性。矿山地区的路况不同于平地，满地都是尖锐的石子、杂物，路况非常差。普通的车轮会出现爆胎的现象，而对于这款大型矿车来说，面对任何复杂的路况，都能够如履平地一般地飞驰而过。

除了在矿区工作，在国内修建大型的水利电站等工程的施工现场，如果有DE400矿车辅助，日常工作效率会有大的提升。

第 8 章

网格和细分

内容导读

本章将对网格和细分的创建与编辑进行讲解，内容包括单一网格面、标准网格体等创建网格的工具，网格布尔运算、重建网格等编辑网格的操作，单一细分面、细分平面、细分标准体等创建细分的工具，以及桥接、选取细分的操作等。

思维导图

网格和细分
├── 网格的创建与编辑
│   ├── 创建网格——创建不同类型的网格物件
│   └── 编辑网格——调整网格效果
└── 细分的创建与编辑
    ├── 创建细分——创建不同类型的细分物件
    └── 编辑细分——调整细分效果

8.1 网格的创建与编辑

网格模型是指由一系列大小和形状接近的三角面或四边面组合而成的模型。本小节将对网格模型的创建与编辑进行讲解。

8.1.1 案例解析——制作迷你书架模型

使用网格模型可以轻松地制作造型规则的产品，本例将以迷你书架模型的制作为例展开介绍，具体的操作过程如下。

步骤01 打开Rhino软件，切换至Front视图，单击"网格工具"工具组对应的侧边工具栏中的"网格立方体"工具，单击命令行中的"X数量"选项，输入10，按Enter键确认；使用相同的方法设置Y数量为3，Z数量为1；在命令行中输入0，设置底面的第一角位于工作平面原点，按Enter键确认；设置底面长度为330，按Enter键确认；设置宽度为900，按Enter键确认；设置高度为20，按Enter键确认，创建的网格立方体如图8-1所示。

步骤02 在"细分工具"工具组中选择"选取过滤器：网格边缘"工具，选择网格边缘进行调整，如图8-2所示。

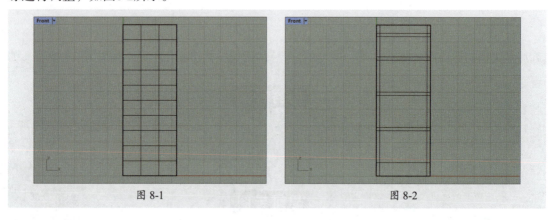

图 8-1　　　　　　　　　　图 8-2

步骤03 在"细分工具"工具组中选择"选取过滤器：网格面"工具，选择网格面，如图8-3所示。

步骤04 移动鼠标指针至绿色操作轴上，按住鼠标左键向箭头反方向拖曳后按住Ctrl键挤出，如图8-4所示。

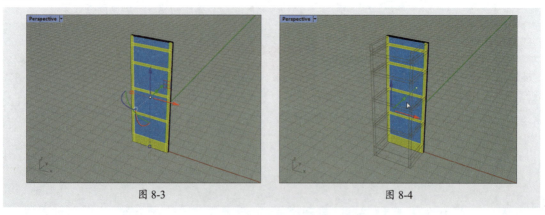

图 8-3　　　　　　　　　　图 8-4

步骤 05 挤出后效果如图8-5所示。

步骤 06 使用相同的方法再次将选中网格面挤出20毫米，如图8-6所示。

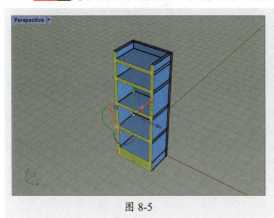
图 8-5

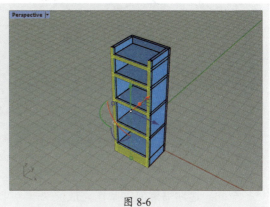
图 8-6

步骤 07 选中底部网格面并向上挤出，如图8-7、图8-8所示。

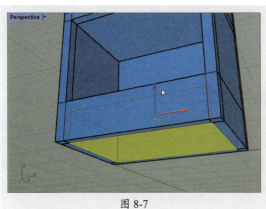
图 8-7

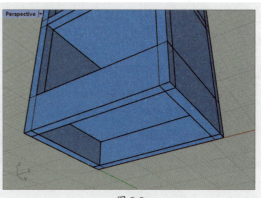
图 8-8

步骤 08 单击"网格工具"工具组中的"网格斜角"工具，选中网格边缘，按Enter键确认，如图8-9所示。

步骤 09 在视图中定位斜角，如图8-10所示。

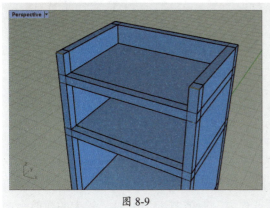
图 8-9

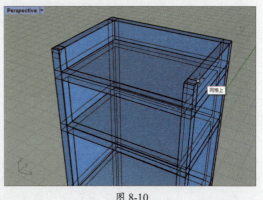
图 8-10

步骤 10 按Enter键确认，效果如图8-11、图8-12所示。

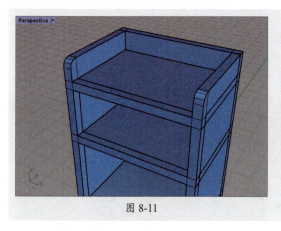

图 8-11

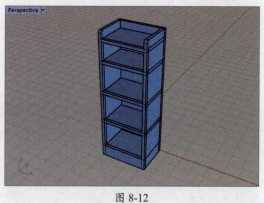

图 8-12

至此，迷你书架模型制作完成。

8.1.2　创建网格——创建不同类型的网格物件

在Rhino中，用户既可以将曲面或多重曲面转换为网格，也可以使用网格工具新建网格，下面将对此进行介绍。

1. 转换曲面/多重曲面为网格

使用"转换曲面/多重曲面为网格"工具 可以将曲面或多重曲面转换为多边形网格，同时可以选择保留原曲面或多重曲面。

单击侧边工具栏中的"转换曲面/多重曲面为网格/转换到Nurbs"工具 或执行"网格"|"从NURBS物件"命令，根据命令行中的指令，选取要转换为网格的物件，右击确认，弹出"网格选项"对话框，设置网格面数量，如图8-13所示。设置完成后单击"确定"工具即可，效果如图8-14所示。

图 8-13

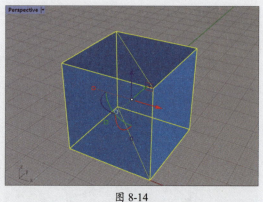

图 8-14

单击"网格选项"对话框中的"高级设置"按钮，将打开"网格详细设置"对话框，如图8-15所示。该对话框中部分选项的作用如下。

- **密度：**控制多边形边缘与原始曲面的接近程度。取值范围为0~1，较大的数值会产生具有较多多边形的网格。
- **最大角度：**设置相邻网格顶点处输入曲面法线之间的最大允许角度。该选项可以使高曲率区域的网格更密集，平坦区域的网格密度更低。

- **最小边缘长度**：设置网格中的最小边长。值越大，网格划分速度越快，网格精度越低，多边形数量越少。
- **最大边缘长度**：设置网格中的最大边长，任意小于该数值的边都将被分割。
- **边缘至曲面的最大距离**：设置从多边形边线中点到最小初始网格四边形中的NURBS曲面的近似最大距离。较小的值会导致较慢的网格划分、更精确的网格以及更高的多边形数。该选项一般用于设置多边形网格的容差。
- **精细网格**：选择该复选框，Rhino将使用递归过程来细化网格。
- **平面最简化**：选择该复选框，将忽略除"不对齐接缝顶点"之外的平面表面的设置，使用尽可能少的多边形进行网格划分。

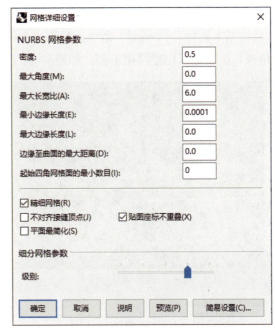

图 8-15

> **操作提示**
> 单击"转换曲面/多重曲面为网格/转换到Nurbs"工具 ，可将网格转换为多重曲面。

2. 创建单一网格面

单击工具栏中的"网格工具"工具组，在其相应的侧边工具栏中，单击"单一网格面/单一细分面"工具 或执行"网格"|"网格基本物件"|"单一网格面"命令，根据命令行中的指令指定点，至少指定3个点后，右击确认，即可创建单一网格面，如图8-16、图8-17所示。

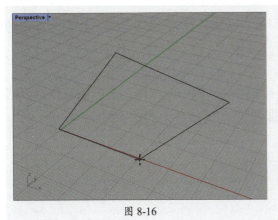

图 8-16

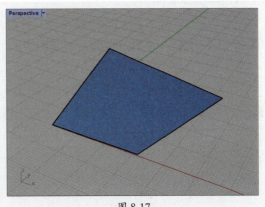

图 8-17

3. 创建网格平面

单击"网格工具"工具组对应的侧边工具栏中的"网格平面"工具▣或执行"网格"|"网格基本物件"|"平面"命令，根据命令行中的指令，设置矩形的第一角，然后设置另一角或长度，即可创建网格平面，如图8-18、图8-19所示。

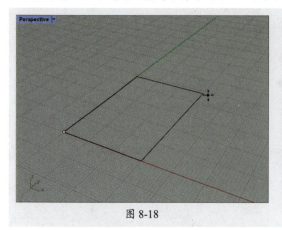
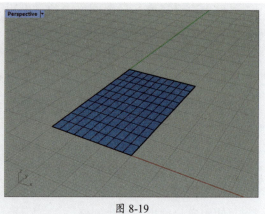

图 8-18　　　　　　　　　　　　　　图 8-19

创建网格平面时，命令行中的指令如下：

> 指令:_MeshPlane
> 矩形的第一角（三点（P）垂直（V）中心点（C）环绕曲线（A）X数量（X）=5 Y数量（Y）=5）
> 另一角或长度（三点（P））

命令行中部分选项的作用如下。

- **三点**：选择该选项，将通过设置网格平面一条边的两个端点及对边的一个点创建网格平面。
- **中心点**：选择该选项，将通过设置网格平面的中心点及另一点或长度创建网格平面。
- **X数量**：用于设置X方向上的网格数。
- **Y数量**：用于设置Y方向上的网格数。

4. 创建网格标准体

除了单一曲面，用户还可以创建立方体网格，以满足不同的制作需要。网格标准体的创建与实体类似，下面将对此进行介绍。

（1）立方体

单击"网格工具"工具组对应的侧边工具栏中的"网格立方体"工具▣或执行"网格"|"网格基本物件"|"立方体"命令，根据命令行中的指令，依次设置底面的第一角、底面的另一角或长度及高度，即可创建网格立方体，如图8-20、图8-21所示。

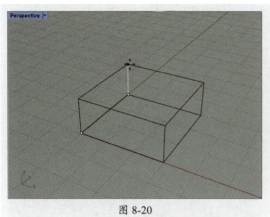
图 8-20

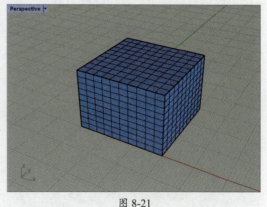
图 8-21

创建立方体时，命令行中的指令如下：

指令：_MeshBox
底面的第一角（对角线（D）三点（P）垂直（V）中心点（C）X数量（X）=10 Y数量（Y）=4 Z数量（Z）=4）
底面的另一角或长度（三点（P））
高度，按 Enter 套用宽度

命令行中部分选项的作用如下。

- **对角线：** 选择该选项将通过立方体的对角线创建网格。
- **Z数量：** 设置Z方向上的网格数。

（2）球体

单击"网格工具"工具组对应的侧边工具栏中的"网格球体"工具或执行"网格"|"网格基本物件"|"球体"命令，根据命令行中的指令，设置球体中心点，然后设置半径即可创建球体，如图8-22、图8-23所示。

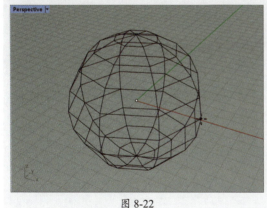
图 8-22

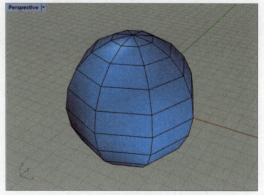
图 8-23

（3）椭圆体

单击"网格工具"工具组对应的侧边工具栏中的"椭圆体：从中心点"工具或执行"网格"|"网格基本物件"|"椭圆体"命令，根据命令行中的指令，设置椭圆体中心点，

然后设置第一轴终点、第二轴终点和第三轴终点，即可创建椭圆体，如图8-24、图8-25所示。

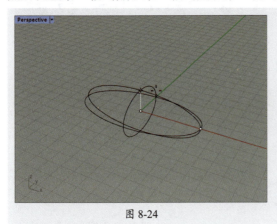
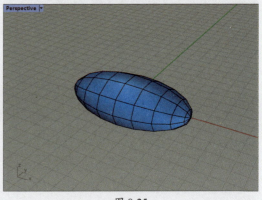

图 8-24　　　　　　　　　　　　　图 8-25

（4）圆锥体

单击"网格工具"工具组对应的侧边工具栏中的"网格圆锥体"工具 ▲ 或执行"网格"|"网格基本物件"|"圆锥体"命令，根据命令行中的指令，设置圆锥体的底面及半径，然后设置圆锥体的顶点即可创建网格圆锥体，如图8-26、图8-27所示。

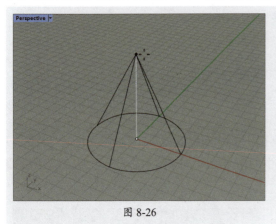
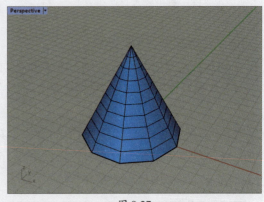

图 8-26　　　　　　　　　　　　　图 8-27

创建圆锥体时，命令行中的指令如下：

指令：_MeshCone
圆锥体底面（方向限制（D）=垂直 实体（S）=是 两点（P）三点（O）正切（T）逼近数个点（F）垂直面数（V）=10 环绕面数（A）=10 顶面类型（C）=三角面）：0
半径 <80.81>（直径（D）周长（C）面积（A）投影物件锁点（P）=是）
圆锥体顶点 <142.00>（方向限制（D）=垂直）

命令行中部分选项的作用如下。

● **实体**：该选项为"是"时，将创建网格实体。
● **顶面类型**：设置底面网格类型，包括"四分点"和"三角面"两种。

（5）平顶椎体

单击"网格工具"工具组对应的侧边工具栏中的"网格平顶锥体"工具 ▲ 或执行"网

格"|"网格基本物件"|"平顶锥体"命令，根据命令行中的指令，设置平顶椎体底面中心点、底面半径，然后设置平顶椎体顶面中心点及顶面半径，即可创建平顶椎体，如图8-28、图8-29所示。

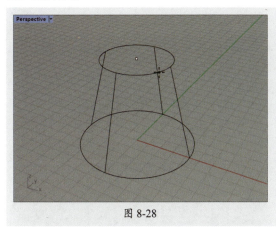

图 8-28

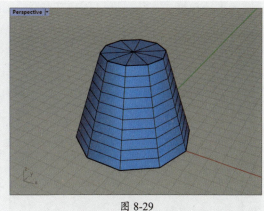

图 8-29

创建平顶椎体时，命令行中的指令如下：

指令：_MeshTruncatedCone
平顶锥体底面中心点（方向限制（D）=垂直 实体（S）=是 两点（P）三点（O）正切（T）逼近数个点（F）垂直面数（V）=10 环绕面数（A）=10 顶面类型（C）=三角面）：0
底面半径 <61.07>（直径（D）周长（C）面积（A）投影物件锁点（P）=是）
平顶锥体顶面中心点 <143.00>
顶面半径 <91.55>（直径(D)）

用户可以设置该命令行中的选项，以不同的方式创建平顶椎体。

（6）圆柱体

单击"网格工具"工具组对应的侧边工具栏中的"网格圆柱体"工具 或执行"网格"|"网格基本物件"|"圆柱体"命令，根据命令行中的指令，设置圆柱体的底面及半径，然后设置圆柱体的端点即可创建网格圆柱体，如图8-30、图8-31所示。

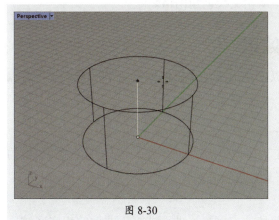

图 8-30

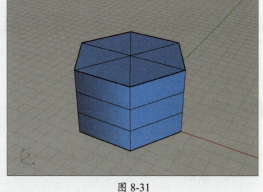

图 8-31

（7）环状体

单击"网格工具"工具组对应的侧边工具栏中的"网格环状体"工具 或执行"网格"|"网格基本物件"|"环状体"命令，根据命令行中的指令，设置环状体的中心点，然后设置半径和第二直径，即可创建环状体，如图8-32、图8-33所示。

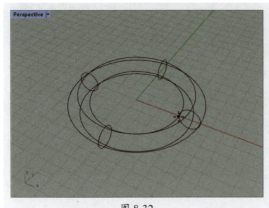
图 8-32

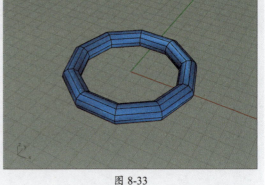
图 8-33

（8）其他

除了以上几种创建网格面的方式外，在Rhino中，用户还可以通过"网格嵌面"工具 、"以封闭的多重直线建立网格"工具 、"以图片灰阶高度"工具 、"以控制点连线建立网格"工具 及"从3条或以上直线建立网格"工具 创建网格。这5种工具的作用分别如下。

- **"网格嵌面"工具** ：从曲线和点创建多边形网格。
- **"以封闭的多重直线建立网格"工具** ：创建边界与输入多段线匹配的三角形和多边形网格。
- **"以图片灰阶高度"工具** ：基于图像文件中颜色的灰度值创建NURBS曲面或网格。
- **"以控制点连线建立网格"工具** ：通过曲线的控制点拟合多段线，或通过曲面的控制点拟合多边形网格。
- **"从3条或以上直线建立网格"工具** ：从相交线创建网格。

8.1.3 编辑网格——调整网格效果

利用网格布尔运算、重建网格命令等可以创建出更加丰富的网格效果。本小节将对编辑网格的操作进行介绍。

1. 网格布尔运算

网格布尔运算分为"联集""差集""相交"和"分割"4种类型。用户可以选择相应的工具或执行命令对网格进行布尔运算。下面将对此进行介绍。

（1）联集

使用"网格布尔运算联集"工具可以修剪掉选定网格、曲面或多重曲面的相交区域，并将未相交区域连接在一起创建单个网格。

单击"网格工具"工具组中的"网格布尔运算联集"工具 或执行"网格"|"网格布尔运算"|"并集"命令，根据命令行中的指令，选取要并集的网格、曲面或多重曲面，右击确认，即可创建联集，如图8-34、图8-35所示。

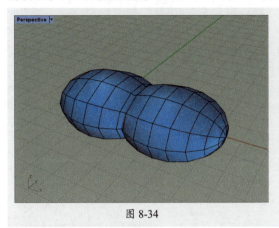
图 8-34

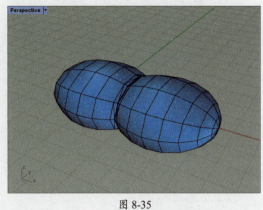
图 8-35

（2）差集

使用"网格布尔运算差集"工具可以用一组网格、曲面或多重曲面减掉选定网格、曲面或多重曲面的相交区域。

单击"网格工具"工具组中"网格布尔运算联集"工具 右下角的"弹出网格布尔运算"工具 ，在弹出的"网格布尔运算"工具组中单击"网格布尔运算差集"工具 或执行"网格"|"网格布尔运算"|"差集"命令，根据命令行中的指令，选取第一组网格、曲面或多重曲面，右击确认，然后选择第二组网格、曲面或多重曲面，右击确认，即可创建差集，如图8-36、图8-37所示。

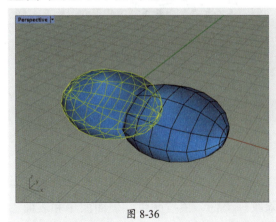
图 8-36

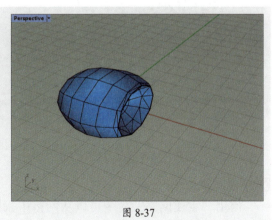
图 8-37

（3）相交

使用"网格布尔运算相交"工具可以修剪掉选定网格、曲面或多重曲面的未相交区域，保留其相交区域。

单击"网格布尔运算"工具组中的"网格布尔运算相交"工具 或执行"网格"|"网格布尔运算"|"相交"命令，根据命令行中的指令，选取第一组网格、曲面或多重曲面，右击确认，然后选择第二组网格、曲面或多重曲面，右击确认，即可创建相交，如图8-38、

207

图8-39所示。

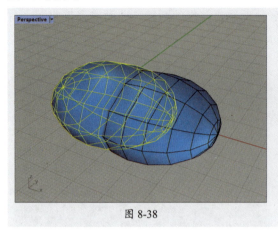

图 8-38

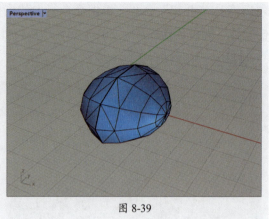

图 8-39

（4）分割

使用"网格布尔运算分割"工具将修剪选定网格、多曲面或曲面的相交区域，并从相交和非相交区域创建单独的网格。

单击"网格布尔运算"工具组中的"网格布尔运算分割"工具 或执行"网格"|"网格布尔运算"|"布尔运算分割"命令，根据命令行中的指令，选取要分割的网格、曲面或多重曲面，如图8-40所示。右击确认，然后选择切割用网格、曲面或多重曲面，右击确认，即可创建分割，移动后效果图8-41所示。

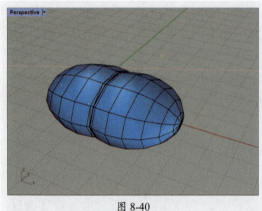

图 8-40

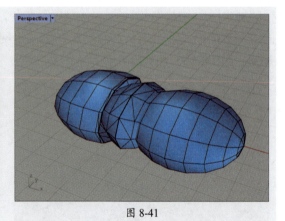

图 8-41

2. 重建网格

使用"重建网格"命令可以从网格中去除纹理坐标、顶点颜色、表面曲率和表面参数，从而修复网格以进行快速原型打印。

单击"网格工具"工具组中的"重建网格"工具 或执行"网格"|"修复工具"|"重建网格"命令，根据命令行中的指令，选取要重建的网格，右击确认即可。重建网格时，命令行中的指令如下：

指令:_RebuildMesh
选取要重建的网格（保留贴图坐标（P）=否 保留顶点颜色（R）=否）
选取要重建的网格，按 Enter 完成（保留贴图坐标（P）=否 保留顶点颜色（R）=否）

命令行中各选项的作用如下。
- **保留贴图坐标**：该选项为"是"时，将保留网格纹理坐标。
- **保留顶点颜色**：该选项为"是"时，将保留网格定点颜色。

3. 其他网格工具

在编辑网格时，有两个比较特殊的工具，即"网格斜角"工具 和"桥接"命令。"网格斜角"工具 可以为网格添加边缘斜角，"桥接"命令可以连接网格面。下面将对此进行介绍。

（1）"网格斜角"工具

与"曲面圆角"工具 和"边缘圆角"工具 不同的是，"网格斜角"工具 可以仅针对网格的一段边缘进行斜角。

单击"网格工具"工具组中的"网格斜角"工具 或执行"网格"|"斜角"命令，根据命令行中的指令，选取要建立斜角的网格或细分边缘，如图8-42所示。右击确认，然后进行斜角定位，选取点或输入一个数值，完成后效果如图8-43所示。

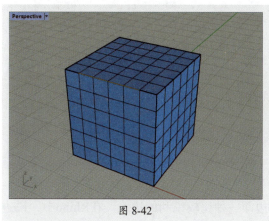

图 8-42　　　　　　　　　　　　图 8-43

制作网格斜角时，命令行中的指令如下：

指令：_Bevel
选取要建立斜角的网格或细分边缘（边缘回路（E））
选取要建立斜角的网格或细分边缘，按 Enter 完成（边缘回路（E））
斜角定位，选取点或给一个数值（分段数（S）=3 偏移模式（O）=绝对 平直（T）=0 熔接角度（W）=45 维持形状（R）=否）

命令行中部分选项的作用如下。
- **边缘回路**：选择该选项，可以选取连续的网格边缘。
- **分段数**：设置斜角分段数，分段数越多，斜角越平滑。
- **平直**：设置斜角的倾斜角度，取值范围为0～1，数值越大，斜角越平直。

选取网格边缘时，可以通过双击边缘快速地选择对应的边缘回路。

（2）桥接

"桥接"命令可以方便地连接网格。

执行"网格"|"桥接"命令，根据命令行中的指令，选取要桥接的第一组边缘或面，右击确认，然后选取要桥接的第二组面，右击确认，打开"桥接选项"对话框，设置参数后单击"确定"工具即可创建桥接，如图8-44、图8-45所示。

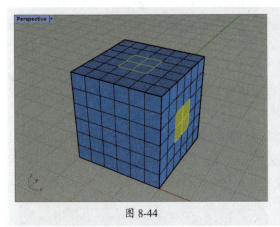

图 8-44

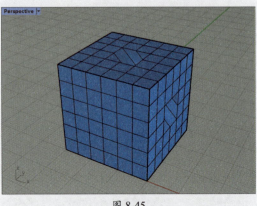

图 8-45

操作提示

桥接的终点数量必须和边缘数量相匹配，即必须4个面对应4个面，4段边缘对应4段边缘。

"桥接选项"对话框如图8-46所示。该对话框中部分选项的作用如下。

- **分段数**：设置桥接部分的分段数量。
- **组合**：选择该复选框，可以组合桥接对象。
- **锐边**：选择该复选框，将创建锐边。锐边即一种比较锐利的边缘。在Rhino中，锐边将表现为一种较深颜色的线条，如图8-47所示。

图 8-46

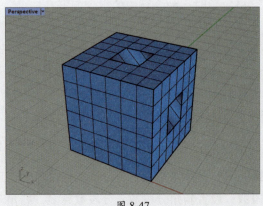

图 8-47

操作提示

在同一网格体上，也可以创建桥接。

8.2 细分的创建与编辑

细分工具是Rhino 7中新增的工具，该工具与T-splines插件的功能非常相似，但作为Rhino自带的工具，在体验上感觉更佳。本小节将对细分的创建与编辑进行介绍。

8.2.1 案例解析——制作茶杯模型

使用细分工具可以使模型的制作更加简单，在此将以茶杯模型的制作为例展开介绍，具体的操作过程如下。

步骤 01 打开Rhino软件，单击"细分工具"工具组中的"创建细分圆柱体"工具◎，在命令行中设置"垂直面数"为5、"环绕面数"为14；在命令行中输入0，设置圆柱体底面中心位于工作平面原点，按Enter键确认；设置半径为30，按Enter键确认；设置圆柱体高度为80，按Enter键确认，创建的细分圆柱体如图8-48所示。

步骤 02 在"细分工具"工具组中选择"选取过滤器：网格边缘"工具◎，切换至Front视图中选择细分边缘进行调整，如图8-49所示。

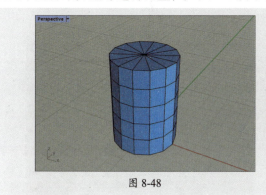

图 8-48

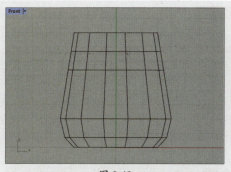

图 8-49

步骤 03 在"细分工具"工具组中选择"选取过滤器：网格面"工具◎，选择顶部细分面并删除，如图8-50所示。

步骤 04 单击"细分工具"工具组中的"偏移细分"工具◎，选中细分物件，按Enter键确认；单击命令行中的"删除输入物件"选项，修改其为"是"；单击"全部反转"选项，反转偏移方向；单击"距离"选项，设置偏移距离为1.8，按Enter键确认，偏移细分物件的效果如图8-51所示。

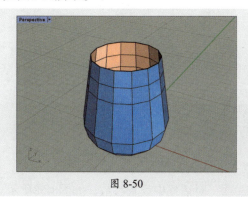

图 8-50

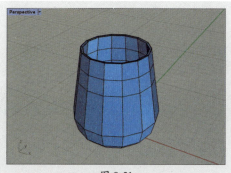

图 8-51

步骤 05 单击"细分工具"工具组中的"网格或细分斜角"工具，选择细分边缘，按Enter键确认，如图8-52所示。

步骤 06 在视图中拖曳单击定位斜角，如图8-53所示。

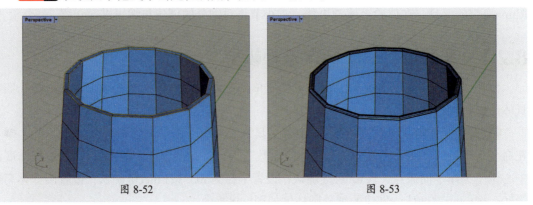

图 8-52　　　　　　　　　　　图 8-53

步骤 07 在Right视图中选中细分物件的两个面，向左拖曳后按Ctrl键挤出，如图8-54所示。

步骤 08 使用相同的方法继续挤出面，如图8-55所示。

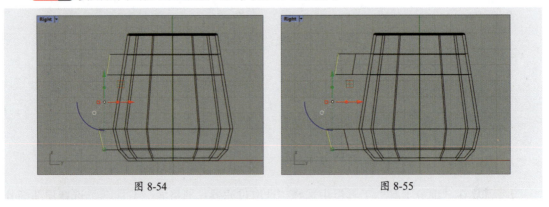

图 8-54　　　　　　　　　　　图 8-55

步骤 09 选择"选取过滤器：网格边缘"工具，选择边缘调整，如图8-56所示。

步骤 10 单击"细分工具"工具组中的"桥接网格或细分"工具，选中其中一个挤出面，按Enter键确认；选中另外一个挤出面，如图8-57所示。

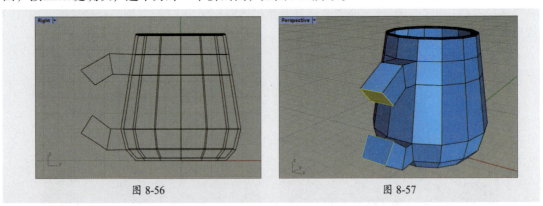

图 8-56　　　　　　　　　　　图 8-57

步骤 11 按Enter键确认，在弹出的"桥接选项"对话框中设置参数，如图8-58所示。

步骤12 单击"确定"按钮创建桥接，如图8-59所示。

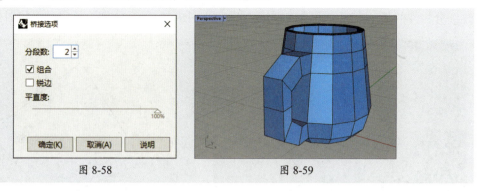

图 8-58　　　　　图 8-59

步骤13 在Right视图中选中细分边缘调整，如图8-60所示。

步骤14 切换至Perspective视图，按Tab键切换至平滑显示模式，如图8-61所示。

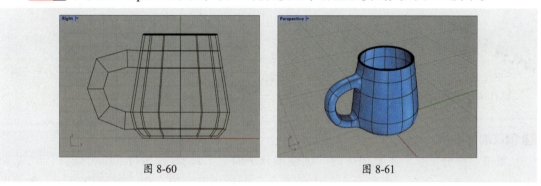

图 8-60　　　　　图 8-61

至此，完成茶杯模型的制作。

8.2.2 创建细分——创建不同类型的细分物件

细分类似于平滑版的网格，其创建方法也与网格类似。本小节将针对细分物件的创建进行介绍。

1. 创建单一细分面

单击"细分工具"工具组，在其相应的工具组中，单击"单一细分面"工具 或执行"细分物件"|"基础元素"|"3D面"命令，根据命令行中的指令，指定点，重复其操作，绘制完成后右击确认，即可完成单一细分面的绘制，如图8-62、图8-63所示。再右击，结束绘制。

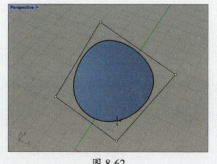
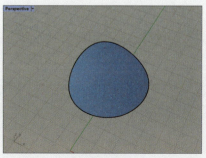

图 8-62　　　　　图 8-63

213

与曲面或网格面不同的是，绘制完成的细分物件的显示模式可以更改，按Tab键即可更改细分物件的显示模式为平滑或平坦。图8-64、图8-65所示分别为平滑和平坦时的效果。

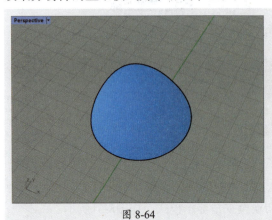

图 8-64

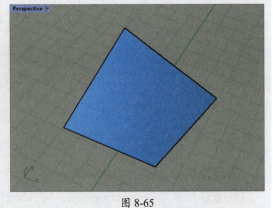

图 8-65

操作提示

细分物件的创建与网格比较类似，在创建细分模型时，可以参照网格的创建方法进行设置。然后通过Tab键切换细分模型的显示形式。

2. 创建细分平面

单击"细分工具"工具组中的"创建细分平面"工具 或执行"细分物件"|"基础元素"|"平面"命令，根据命令行中的指令，创建矩形的第一角，然后设置另一角或长度，即可创建细分平面，如图8-66、图8-67所示。创建的细分平面默认以平滑模式显示。

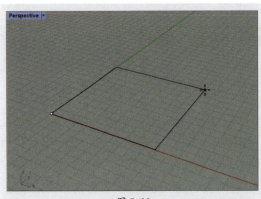

图 8-66

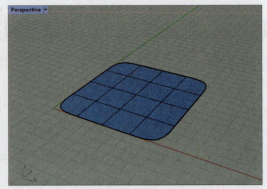

图 8-67

创建细分平面时，命令行中的指令如下：

指令: _SubDPlane
矩形的第一角（三点（P）垂直（V）中心点（C）环绕曲线（A）X数量（X）=4 Y数量（Y）=4）
另一角或长度（三点（P））

命令行中部分选项的作用如下。

- **三点**：选择该选项将通过设置细分平面一条边的两个端点及对边的一个点创建细分平面。
- **中心点**：选择该选项，将通过细分网格平面的中心点及另一点或长度创建细分平面。
- **X数量**：设置X方向上的细分数。
- **Y数量**：设置Y方向上的细分数。

3. 创建细分标准体

除了单一细分面和细分平面外，在Rhino软件中，用户还可以创建多种类型的细分标准体，如细分立方体、细分圆柱体等。下面将对此进行介绍。

（1）立方体

单击"细分工具"工具组中的"创建细分立方体"工具 或执行"细分物件"|"基础元素"|"立方体"命令，根据命令行中的指令，设置立方体底面的第一点，然后设置底面的另一角或长度，再设置高度，即可创建细分立方体，如图8-68、图8-69所示。

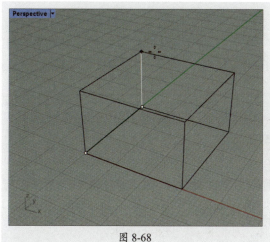
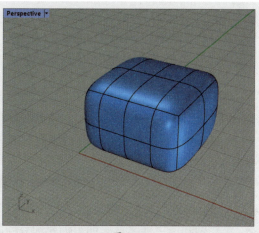

图 8-68　　　　　　　　　　图 8-69

创建细分立方体时，命令行中的指令如下：

指令：_SubDBox
底面的第一角（对角线（D）三点（P）垂直（V）中心点（C）X数量（X）=80 Y数量（Y）=4 Z数量（Z）=3）
底面的另一角或长度（三点（P））
高度，按 Enter 套用宽度

命令行中部分选项的作用如下：

- **对角线**：选择该选项，将通过立方体的对角线创建细分立方体。
- **Z数量**：设置Z方向上的细分数。

（2）球体

单击"细分工具"工具组中的"创建细分球体"工具 或执行"细分物件"|"基础元素"|"球体"命令，根据命令行中的指令，设置细分球体的中心点，然后设置细分球体的半径，即可创建细分球体，如图8-70、图8-71所示。

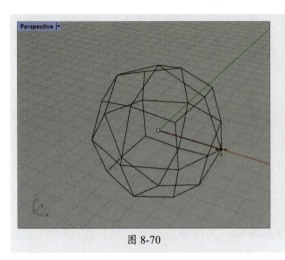

图 8-70

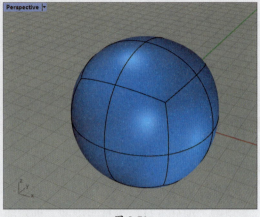

图 8-71

创建细分球体时，命令行中的指令如下：

指令: _SubDSphere
细分球体的中心点（样式（S）=四边面 细分值（A）=1）
细分球体的半径 <1.00>（样式（S）=四边面 细分值（A）=1）

命令行中部分选项的作用如下。
- **样式**：设置细分面的形状，包括UV、三角面和四边面3种，默认为四边面。
- **细分值**：设置细分数量，值越高，细分数量越多。

（3）椭球体

单击"细分工具"工具组中的"细分椭圆体"工具 或执行"细分物件"|"基础元素"|"椭圆体"命令，根据命令行中的指令，设置椭圆体的中心点，然后依次设置第一轴、第二轴和第三轴终点，即可创建细分椭圆体，如图8-72、图8-73所示。

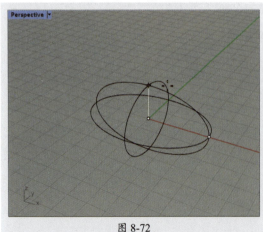

图 8-72

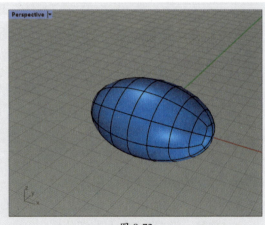

图 8-73

创建细分椭圆体时，命令行中的指令如下：

指令: _SubDEllipsoid
椭圆体中心点（角（C）直径（D）从焦点（F）环绕曲线（A）垂直面数（V）=10 环绕面数

（R）=10 顶面类型（P）=四分点）: 0
第一轴终点（角(C)）
第二轴终点
第三轴终点

命令行中部分选项的作用如下。
- **垂直面数**：设置垂直面细分数量。
- **环绕面数**：设置环绕面细分数量。
- **顶面类型**：设置顶面类型，包括四分点和三角面两种。

（4）圆锥体

单击"细分工具"工具组中的"创建细分圆锥体"工具或执行"细分物件"|"基础元素"|"圆锥体"命令，根据命令行中的指令，设置圆锥体的底面及半径，然后设置圆锥体的顶点即可，如图8-74、图8-75所示。

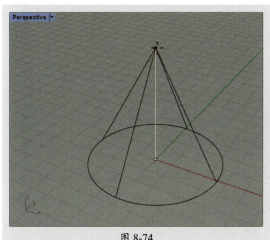

图 8-74

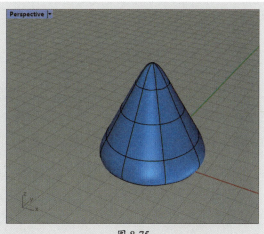

图 8-75

创建细分圆锥体时，命令行中的指令如下：

指令: _SubDCone
圆锥体底面（方向限制（D）=垂直 实体（S）=是 两点（P）三点（O）正切（T）逼近数个点（F）垂直面数（V）=4 环绕面数（A）=8 顶面类型（C）=三角面）: 0
半径 <158.00>（直径（D）周长（C）面积（A）投影物件锁点（P）=是）
圆锥体顶点 <366.00>（方向限制（D）=垂直）

命令行中部分选项的作用如下：
- **方向限制**：设置细分圆锥体的方向，包括无、垂直和环绕曲线3种。
- **实体**：设置是否创建实体。

（5）平顶椎体

单击"细分工具"工具组中的"细分平顶锥体"工具或执行"细分物件"|"基础元素"|"平顶锥体"命令，根据命令行中的指令，设置平顶椎体底面的中心点及底面半径，然后设置平顶椎体顶面的中心点及顶面半径，即可创建细分平顶椎体，如图8-76、图8-77所示。

217

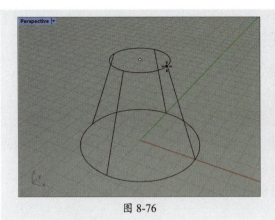
图 8-76

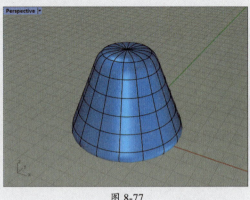
图 8-77

（6）圆柱体

单击"细分工具"工具组中的"创建细分圆柱体"工具⬛或执行"细分物件"|"基础元素"|"圆柱体"命令，根据命令行中的指令，设置圆柱体的底面及半径，然后设置圆柱体的端点即可，如图8-78、图8-79所示。

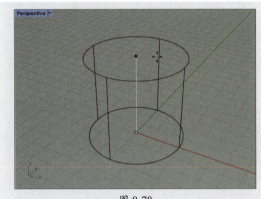
图 8-78

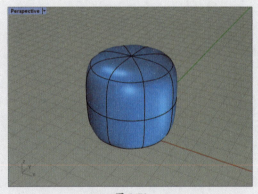
图 8-79

（7）圆环

单击"细分工具"工具组中的"细分环状体"工具⬛或执行"细分物件"|"基础元素"|"圆环"命令，根据命令行中的指令，设置环状体的中心点，然后设置半径及第二半径即可，如图8-80、图8-81所示。

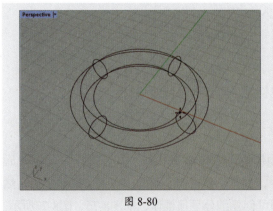
图 8-80

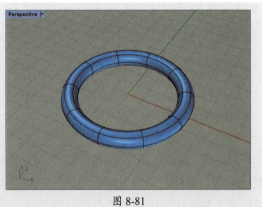
图 8-81

4. 细分扫掠

除了以上几种比较标准的细分面的创建方式外，在Rhino软件中，用户还可以通过扫掠、放样等方式制作更加复杂的细分模型。本小节将针对细分单轨扫掠和细分双轨扫掠进行介绍。

（1）细分单轨扫掠

与使用单轨扫掠创建Nurbs曲面类似，使用细分单轨扫掠创建细分面同样需要一个路径及至少一个断面曲线。下面将针对具体方法进行介绍。

单击"细分工具"工具组中的"细分单轨扫掠"工具 或执行"细分物件"|"单轨扫掠（1）"命令，根据命令行中的指令，选取路径，然后选取断面曲线，右击确认，打开"细分单轨扫掠"对话框，并进行设置，如图8-82所示。设置完成后单击"确定"工具，即可创建细分面，如图8-83所示。

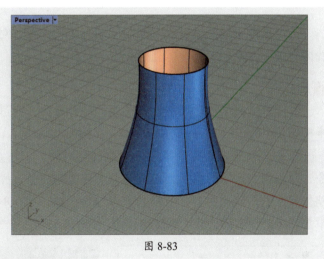

图 8-82　　　　　　　　　　图 8-83

"细分单轨扫掠"对话框中部分选项的作用如下。

- **自由扭转**：选择该选项后，断面曲线将旋转以在整个扫掠过程中保持与其轨道的角度。
- **走向**：选择该选项后，将启用"设置轴向"工具，单击该工具即可设置轴的方向，以计算横截面的三维旋转。
- **角**：当路径不是封闭曲线时，选择该复选框，可以保证边缘为不平滑的角。
- **封闭**：选择该复选框后，当路径不是封闭曲线时，将自动封闭曲面。
- **可调断面的分段数**：调整断面的分段数量。
- **可调路径的分段数**：调整路径的分段数量。

（2）细分双轨扫掠

细分双轨扫掠与单轨扫掠类似，只是路径变为了两条。下面将对该种方法进行介绍。

单击"细分工具"工具组中的"细分双轨扫掠"工具 或执行"细分物件"|"双轨扫掠（2）"命令，根据命令行中的指令，依次选取第一条路径和第二条路径，然后选取断面曲面，右击确认，打开"细分双轨扫掠"对话框，并进行设置，如图8-84所示。设置完成后单击"确定"工具，即可创建细分面，如图8-85所示。

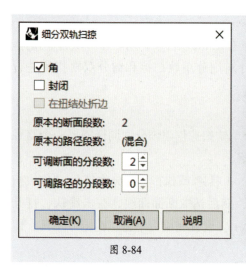

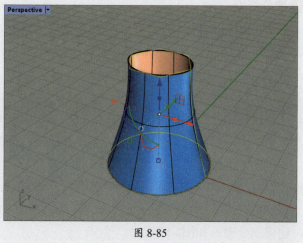

图 8-84　　　　　　　　　　　　　　　图 8-85

该对话框中的选项设置基本与"细分单轨扫掠"对话框中的一致，用户可以结合前文的内容进行设置。

5. 细分放样

放样是曲面创建过程中比较常用的一种方法，通过该方法，可以制作出较为复杂的三维模型。

单击"细分工具"工具组中的"细分放样"工具 ![icon]或执行"细分物件"|"放样"命令，根据命令行中的指令，按放样顺序选取曲线及边界边缘，右击确认，然后调整边缘回路位置，右击确认，打开"细分放样"对话框，如图8-86所示。在该对话框中设置参数后单击"确定"工具，即可创建细分面，如图8-87所示。

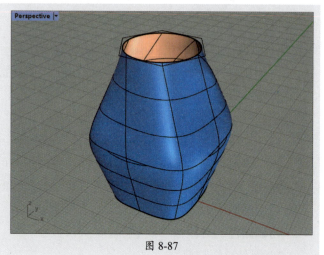

图 8-86　　　　　　　　　　　　　　　图 8-87

6. 多管细分物件

使用"多管细分物件"工具可以快速便捷地创建管状细分物件。

单击"细分工具"工具组中的"多管细分物件"工具 ![icon]或执行"细分物件"|"多管"命令，根据命令行中的指令，选取要进行圆管指令的曲线，右击确认，设置圆管半径并确定是否端点加盖，右击确认，然后设置沿路径方向的分段，即可创建多管，如图8-88、

图8-89所示。

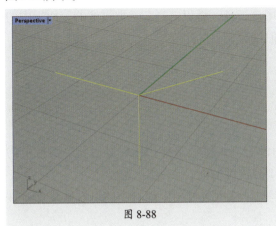

图 8-88

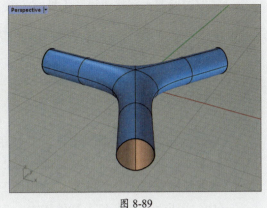

图 8-89

8.2.3 编辑细分——调整细分效果

创建细分模型后,可以通过锐边、桥接、插入细分边缘等操作处理模型。本小节将对此进行介绍。

1. 选取细分物件

编辑细分模型前,需要先选取细分模型。在Rhino软件中,用户可以通过"细分工具"工具组中的工具方便地选择细分物件的点、线、面或整体。图8-90所示为相关的工具。

其中常用工具的作用分别如下。

- "选取细分物件"工具 ：单击该工具,将选取文档中的所有细分物件。
- "选取循环边缘"工具 ：单击该工具,根据命令行中的指令,可以选取边缘回路,如图8-91所示。
- "选取环形边缘"工具 ：单击该工具,根据命令行中的指令,可以选取环状边缘,如图8-92所示。

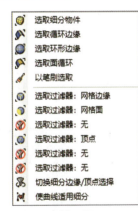

图 8-90

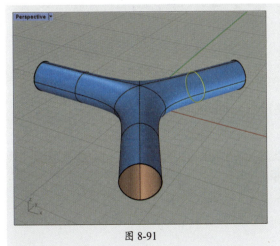

图 8-91

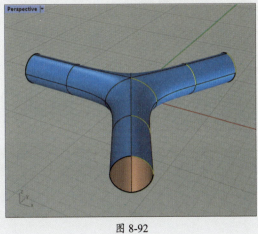

图 8-92

- **"选取面循环"工具**：单击该工具，可以从回路中选取边缘，从而选取循环的面。
- **"选取过滤器：网格边缘"工具**：使用该工具，将仅选择"选取过滤器"面板中的"曲线/边缘"选项，此时可以便捷地选取细分模型的边缘线。

> **操作提示**
> 双击要选取的线，可以选择整个回路的线。

- **"选取过滤器：网格面"工具**：使用该工具，将仅选择"选取过滤器"面板中的"曲面/面"选项，此时可以便捷地选取细分模型的面。
- **"选取过滤器：无"工具**：使用该工具，"选取过滤器"面板中的所有选项都将被选中。用户可以选择细分物件整体。
- **"选取过滤器：顶点"工具**：使用该工具，将仅选择"选取过滤器"面板中的"点/顶点"选项，此时可以便捷地选取细分模型中的点。

2. 锐边

锐边是一种较锐利的边，在模型中以一种较粗较黑的线显示。为细分模型添加锐边可以使其在平滑显示模式下也具有锐利的边缘。

（1）添加锐边

单击"细分工具"工具组中的"添加锐边"工具，根据命令行中的指令，选取要添加锐边的网格或细分物件边缘和顶点，右击确认即可添加锐边，如图8-93、图8-94所示。

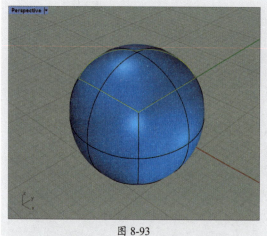

图 8-93

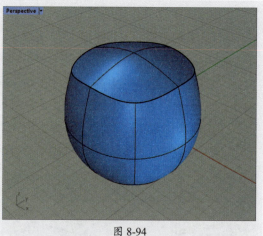

图 8-94

通过添加锐边，用户可以轻松地制作一些棱角分明的细分模型。

（2）移除锐边

若想移除细分模型中的锐边，使其更加平滑，可以单击"细分工具"工具组中的"移除锐边"工具，然后在需要移除的锐边上单击即可。

3. 桥接

与网格中的桥接类似，细分工具中的桥接同样可以方便地连接细分物件。在进行桥接时，要注意桥接的终点数量与边缘数量必须匹配。

单击"细分工具"工具组中的"桥接网格或细分"工具 或执行"细分物件"|"桥接"命令，根据命令行中的指令，选取要桥接的第一组边缘或面，右击确认，然后选取要桥接的第二组边缘和面，右击确认，即可打开"桥接选项"对话框，在该对话框中设置参数，如图8-95所示。设置完成后单击"确定"工具，即可创建桥接效果，如图8-96所示。

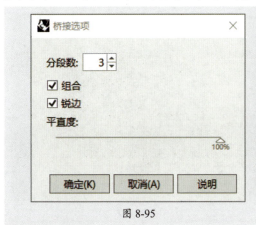

图 8-95

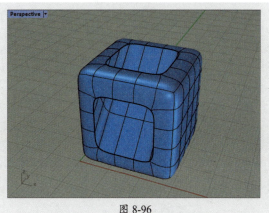

图 8-96

4. 插入细分边缘

使用"插入细分边缘（循环）/插入细分边缘（环形）" 工具可以在细分模型中添加边缘，以便更轻松地控制模型效果。

单击"细分工具"工具组中的"插入细分边缘（循环）/插入细分边缘（环形）"工具 或执行"细分物件"|"插入边缘"命令，根据命令行中的指令，从回路中选取边缘，右击确认，然后进行边缘定位，即可添加细分边缘，如图8-97、图8-98所示。

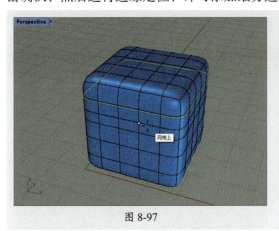

图 8-97

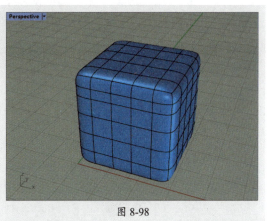

图 8-98

除了细分边缘外，用户还可以通过单击"在网格或细分上插入点"工具 或执行"细分物件"|"插入点"命令在细分边缘上插入点，影响细分模型效果。

5. 对称

在制作对称细分模型时，"对称细分物件/从细分中移除对称"工具 可以起到至关重要的作用。与Nurbs曲面或网格的"镜像"工具 不同的是，不需其他操作，在修改原细分物件时，使用"对称细分物件/从细分中移除对称"工具 得到的对称物件也会随之变化。

单击"细分工具"工具组中的"对称细分物件/从细分中移除对称"工具 或执行"细分物件"|"对称"命令，根据命令行中的指令，设置对称平面的起点与终点，然后点击要保留的一侧，设置锁点到对称平面即可，如图8-99、图8-100所示。

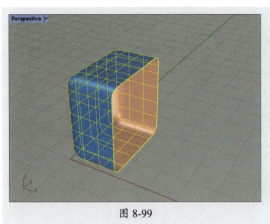
图 8-99

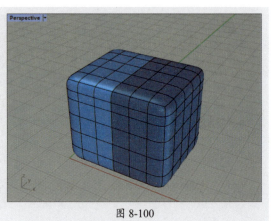
图 8-100

当修改原物件时，对称细分物件也会变化。若想取消对称效果，选中对称物件后右击"对称细分物件/从细分中移除对称"工具 即可。

6. 挤出细分物件

"挤出细分物件"工具 可以帮助用户挤出细分面或边缘，制作出多种多样的模型效果。单击"细分工具"工具组中的"挤出细分物件"工具 或执行"细分物件"|"编辑工具"|"挤出面与边界边缘"命令，根据命令行中的指令，选取要挤出的细分面或边缘，右击确认，然后设置挤出距离，即可挤出选中对象，如图8-101、图8-102所示。

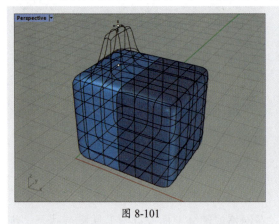
图 8-101

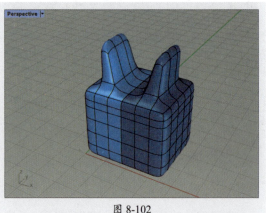
图 8-102

挤出细分物件时，命令行中的指令如下：

```
指令: _ExtrudeSubD
选取要挤出的细分面及边缘（边缘回路（E））
选取要挤出的细分面及边缘，按Enter完成（边缘回路（E））
挤出距离（基准（B）=WCS 方向（D）=不设限 设定基准点（S））
```

命令行中部分选项的作用如下。

- **基准：** 用于设置挤出的基准，包括WCS和UVN两种。其中，WCS是工作坐标系，默认选中该选项。
- **方向：** 用于设置挤出的方向。

> **操作提示**
> 除了可以使用"挤出细分物件" 工具外，用户还可以使用"过滤选取器"选中曲面或边缘，使用操作轴进行移动，再按Ctrl键，即可挤出选中对象。

7. 偏移细分

使用"偏移细分"工具 可以使细分对象向指定的方向进行偏移复制。

单击"细分工具"工具组中的"偏移细分"工具 或执行"细分物件"|"偏移细分物件"命令，根据命令行中的指令，选取要偏移的细分物件，右击确认，然后设置偏移方向、距离等，右击确认即可，如图8-103、图8-104所示。

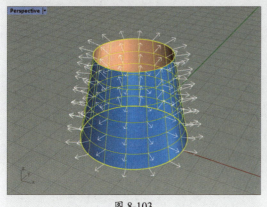
图 8-103

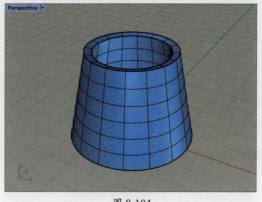
图 8-104

课堂实战 制作筋膜枪模型

本案例将练习制作筋膜枪模型，以巩固前面所学的知识。具体操作过程介绍如下：

步骤 01 打开Rhino软件，使用"创建细分圆柱体"工具 在Right视图中绘制一个半径为32、长度为164的细分圆柱体，如图8-105所示。

步骤 02 使用"选取过滤器：网格面"工具 选中细分圆柱体两端细分面，按Delete键将其删除，如图8-106所示。

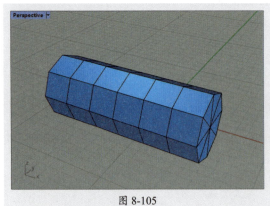
图 8-105

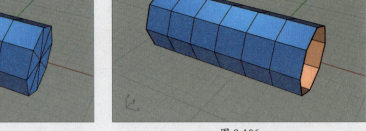
图 8-106

步骤 03 在Top视图中使用"创建细分圆柱体"工具▣绘制一个半径为30、长度为18的细分圆柱体和一个半径为30、长度为146的细分圆柱体，并调整位置，如图8-107所示。

步骤 04 使用"选取过滤器：网格面"工具▣选取细分面，如图8-108所示。

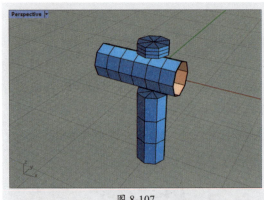
图 8-107

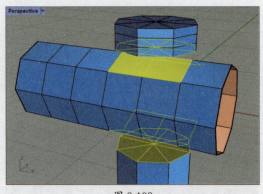
图 8-108

步骤 05 按Delete键删除选中的细分面，如图8-109所示。

步骤 06 单击"细分工具"工具组中的"桥接网格或细分"工具▣，选中第一组边缘，如图8-110所示。

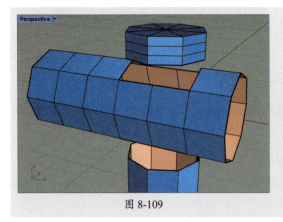
图 8-109

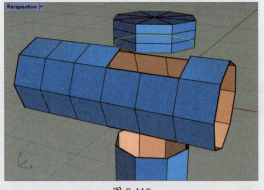
图 8-110

步骤07 按Enter键确认，选择第二组边缘，如图8-111所示。

步骤08 按Enter键确认，打开"桥接选项"对话框设置参数，如图8-112所示。

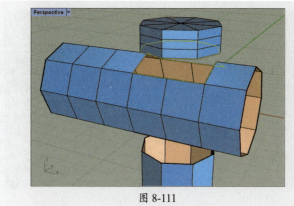 

图8-111　　　　　　　　　　　　图8-112

步骤09 单击"确定"按钮桥接边缘，如图8-113所示。

步骤10 使用相同的方法桥接其他边缘，如图8-114所示。

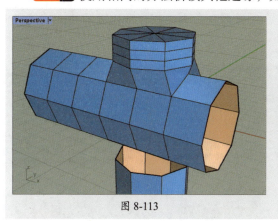 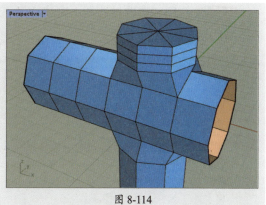

图8-113　　　　　　　　　　　　图8-114

步骤11 使用"选取过滤器：顶点"工具 选取顶点进行调整，完成后效果如图8-115所示。

步骤12 选中细分面右侧边缘，向右拖曳后按住Ctrl键挤出，如图8-116所示。

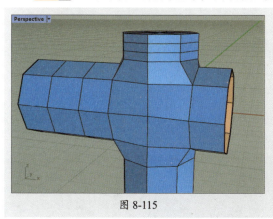 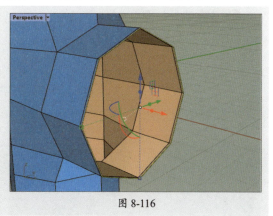

图8-115　　　　　　　　　　　　图8-116

步骤 13 使用相同的方法继续挤出，如图8-117所示。

步骤 14 按住Shift键缩放选中区域，如图8-118所示。

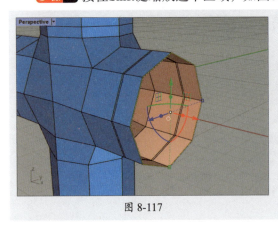

图 8-117

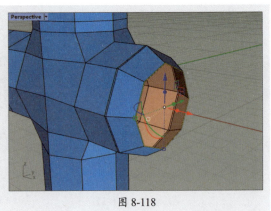

图 8-118

步骤 15 单击"细分工具"工具组中的"填补细分网格洞"工具 填补洞，效果如图8-119所示。

步骤 16 使用"选取过滤器：网格面"工具 选取细分面，按住Shift键缩放，按住Ctrl键挤出，如图8-120所示。

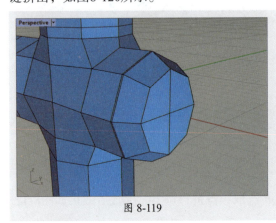

图 8-119

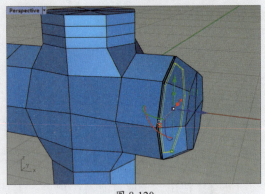

图 8-120

步骤 17 使用"网格或细分斜角"工具 添加斜角，如图8-121所示。

步骤 18 效果如图8-122所示。

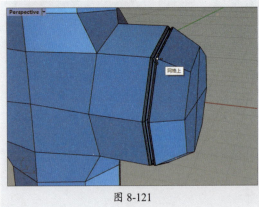

图 8-121

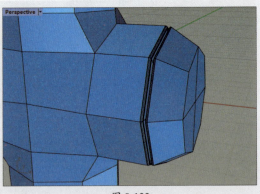

图 8-122

步骤19 使用相同的方法在左侧挤出细分面并调整大小，如图8-123所示。

步骤20 切换至Right视图，使用"创建细分圆柱体"工具绘制一个半径为30、长度为18的细分圆柱体，如图8-124所示。

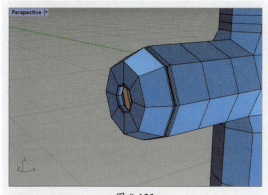

图 8-123

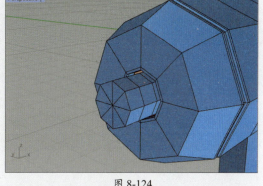

图 8-124

步骤21 使用"创建细分球体"工具绘制一个半径为30的球体，如图8-125所示。

步骤22 选中部分细分面删除，如图8-126所示。

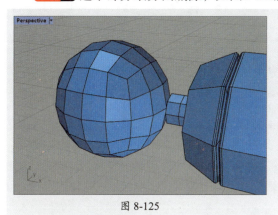

图 8-125

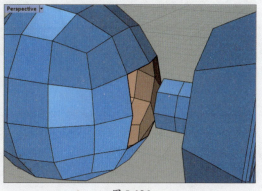

图 8-126

步骤23 选中删除后的细分面边缘，按住Shift键缩放，按住Ctrl键挤出，如图8-127所示。

步骤24 向右移动细分面边缘，按住Ctrl键挤出，如图8-128所示。

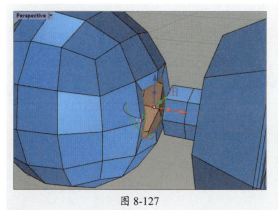

图 8-127

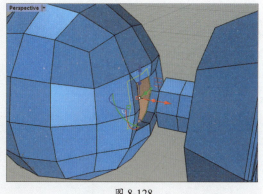

图 8-128

步骤 25 按住Shift键缩放选中区域，按住Ctrl键挤出，如图8-129所示。

步骤 26 删除圆柱体左侧面，桥接删除面边缘，如图8-130所示。

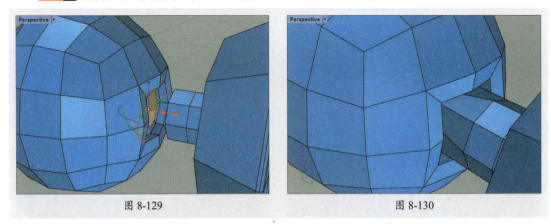

图 8-129　　　　　　　　　　　图 8-130

步骤 27 至此，完成筋膜枪模型的制作，如图8-131、图8-132所示。

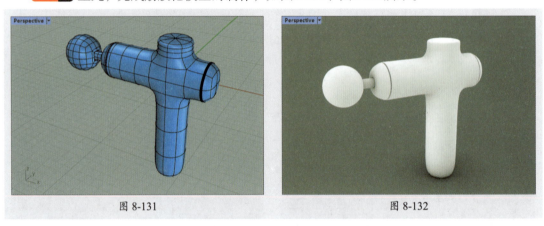

图 8-131　　　　　　　　　　　图 8-132

课后练习 制作水龙头模型

下面将利用本章所学知识制作水龙头模型，如图8-133所示。

图 8-133

1. 技术要点

- 新建细分标准体，桥接对应的面。
- 删除一半主体，通过对称复制另一半，以便调整主体造型。
- 添加锐边，调整细节。

2. 分步演示

演示步骤如图8-134所示。

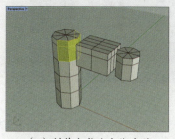

（a）制作水龙头主体造型

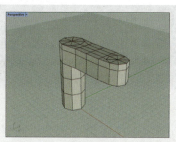

（b）桥接细分面

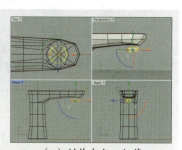

（c）制作出水口细节

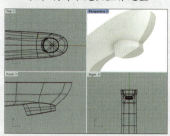

（d）删除一半主体后对称

（e）制作滚轴

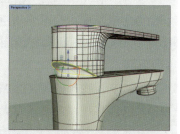

（f）调整细分面制作细节

图 8-134

拓展赏析

世界重装之王：模锻液压机

有人把大型模锻液压机形象地比喻成揉面机，揉面机揉的是面，而模锻液压机揉的是钢铁。那么8万吨级的模锻液压机它的威力有多大？这么说吧，它巨大的压制能力可将数千辆满载的重型卡车作用于一张书桌面积上。目前，在我国就有这么一款号称世界重装之王的模锻液压机，如图8-135所示。

图 8-135

这款8万吨级的模锻液压机诞生于中国第二重型机械集团。机器总高42米（在地上27米，地下15米），设备总重2.2万吨，是目前世界上吨位最大的液压机，也是中国首架国产客机C919试飞成功的重要功臣之一。任何金属在这款液压机面前，都会被轻松锻造成各种形状，即便是钻石也会在瞬间被压成粉末。有了这款模锻液压机，我国工业实力有了大幅度的提升。

近年来，我国的军工发展水平十分迅猛，运20、蛟龙-600水陆两栖飞机、大型客机C919等已经亮相。未来还有大型客机C929、高铁大量的对外输出等。这些功绩都离不开有"大国重器"之称的大型模锻压力机。

第9章 软件联合之 KeyShot 渲染器

内容导读

本章将对KeyShot渲染器进行讲解，内容包括KeyShot渲染器的作用、优点、导入Rhino文件的方法；KeyShot的工作界面及常用面板，赋予材质、编辑材质的方法，颜色库、灯光、环境库、纹理库等细节的添加，以及渲染出图的操作等。

思维导图

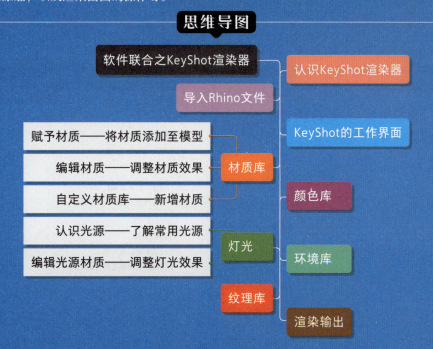

9.1 认识KeyShot渲染器

KeyShot渲染器简单易上手，具有独立的实时光线追踪和全局照明系统，主要用于创建3D渲染、动画和交互式视觉效果。与其他渲染软件相比，KeyShot主要有以下三个优点。

1. 快速

KeyShot渲染器中的一切都是实时发生的，用户可以立即看到材质、灯光和相机的所有变化。

2. 简单

KeyShot渲染器的使用非常简单，用户只需导入数据，再将材料拖曳至模型上进行渲分配，然后调整灯光和移动摄像机，即可渲染出逼真的效果图。

3. 准确

KeyShot是最准确的3D数据渲染解决方案。KeyShot建立于Luxion内部开发的物理校正渲染引擎的基础上，该引擎基于科学准确的材料表示和全局照明领域的研究。

除了以上三点外，KeyShot渲染器还支持更多的3D文件格式，同时因KeyShot渲染器是基于CPU的，所以只要电脑具有足够的可用内存，该渲染器就可以处理非常大型的数据集，甚至可以轻松地处理数以百万计的表变形模型。

9.2 导入Rhino文件

KeyShot渲染器支持导入多种文件类型，其中包括Rhino软件存储的格式（*.3dm）。下面将对此进行介绍。

导入Rhino文件的方式非常简单，打开KeyShot渲染器，执行"文件"|"导入"命令或单击工具栏中的"导入"按钮，打开"导入文件"对话框，选中要导入的文件，单击"打开"按钮，打开"KeyShot导入"对话框，如图9-1所示，设置参数后单击"导入"按钮即可，如图9-2所示。

图 9-1

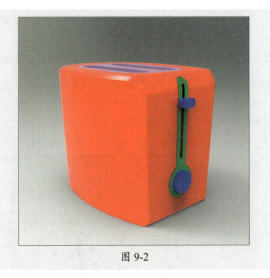

图 9-2

> **操作提示**
> 在将Rhino模型导入KeyShot之前,可以在Rhino软件中将物件根据部位及材质的不同设置为不同的图层,以便在KeyShot中添加材质。

选中导入的模型并右击鼠标,在弹出的快捷菜单中执行"移动模型"命令,可打开对话框设置模型的位置及角度等参数,如图9-3所示。用户也可以直接在实时视图中通过操作轴调整模型,如图9-4所示。

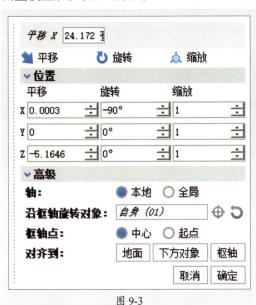

图 9-3

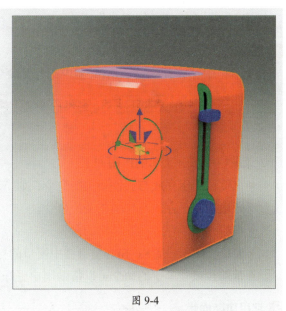

图 9-4

> **操作提示**
> 在导入Rhino模型时,若遇到导入错误问题,可选择将文件保存为Rhino版本,该操作可应对因兼容性无法导入的情况。

9.3 KeyShot的工作界面

KeyShot是围绕场景的实时视图构建的单一界面，用户可以根据个人习惯浮动或停靠窗口。图9-5所示为KeyShot渲染器的默认工作界面。

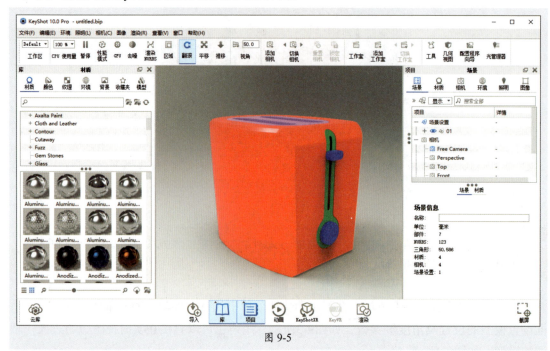

图 9-5

该工作界面中的常用部分作用如下。

1. 菜单栏

菜单栏中存放着KeyShot渲染器中的各类命令，如图9-6所示。

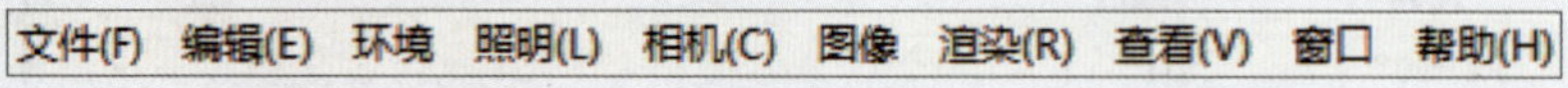

图 9-6

菜单栏中部分菜单的作用如下。
- **文件**：用于存放与文件相关的命令，如"新建""导入""打开"等。
- **环境**：用于存放与环境相关的命令。
- **相机**：用于存放设置相机的命令。
- **窗口**：用于设置KeyShot渲染器中窗口的打开与关闭。
- **帮助**：该菜单中的命令可以帮助用户更好地了解与使用KeyShot渲染器。

2. 常用功能面板

常用功能面板中包括KeyShot渲染器中常用的工具、命令和窗口等，如图9-7所示。用户可以右击常用功能面板，在弹出的快捷菜单中选择命令使其显示或隐藏。

图 9-7

常用功能面板中部分选项的作用如下。
- **实时视图**：用于选择预设的实时视图，也可以对界面颜色的深浅进行调整。
- **暂停**：选择该选项将暂停实时视图渲染。
- **性能模式**：选择该选项将切换至较低的实时渲染设置以得到更高的性能。
- **去噪**：用于对图像降噪。
- **翻滚**：选择该选项，按住鼠标左键在"实时视图"中拖曳时，可以翻转视图。"翻转""平移"和"推移"选项不可同时选中。
- **平移**：选择该选项，按住鼠标左键在"实时视图"中拖曳时，可以平移视图。
- **推移**：选择该选项，按住鼠标左键在"实时视图"中拖曳时，可以推移视图。
- **视角**：用于设置相机视角。
- **工具**：用于放置KeyShot渲染器中的一些工具，如图9-8所示。
- **几何视图**：单击该选项，将打开"几何图形视图"面板，如图9-9所示。在该面板中用户可以选择不同的相机展示不同的效果。

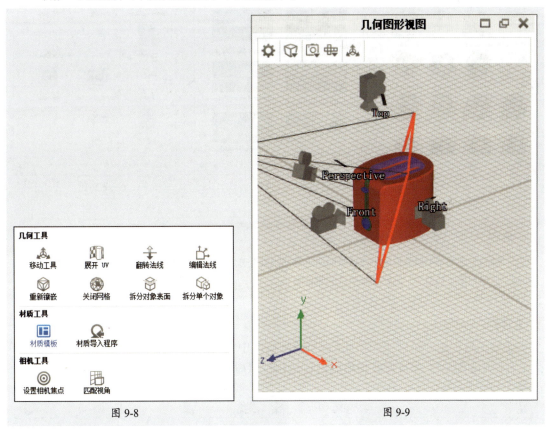

图 9-8　　　　　　　　　图 9-9

- **光管理器**：选择该选项将打开"光管理器"面板，如图9-10所示。

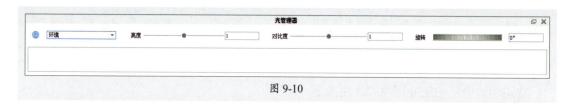

图 9-10

3. "库"面板

"库"面板中包括KeyShot渲染器自带的材质、环境、背景、纹理等选项卡。用户在渲染时可以根据需要在选项卡中对环境、纹理、模型材质、背景等进行设置,然后拖曳至"实时视图"中即可。图9-11、图9-12、图9-13所示分别为"库"面板中的"材质"选项卡、"环境"选项卡及"模型"选项卡。

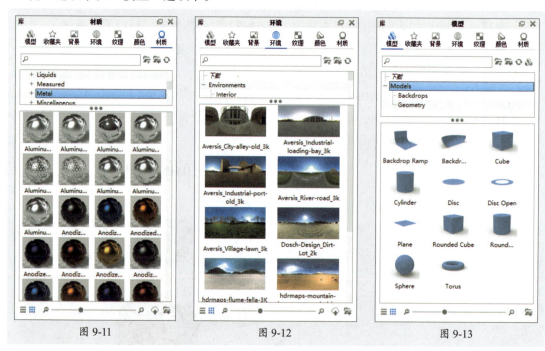

图 9-11　　　　　　　图 9-12　　　　　　　图 9-13

> **操作提示**
>
> "模型"选项卡中包含可用于向场景添加上下文的模型选择,以及可以在其中显示产品的整个场景。用户可以合理利用这些模型,得到效果更好的渲染图。

4. 工具栏

通过工具栏用户可以快速访问KeyShot渲染器中常用的窗口或功能,如图9-14所示。单击工具栏中的按钮,即可打开相应的面板或执行对应的操作。

图 9-14

5. "项目"面板

"项目"面板中包括场景中所有的设置和设置的模型信息,该面板中包括"场景""材质""相机""环境""照明"和"图像"6个选项卡。图9-15、图9-16、图9-17所示分别为"场景"选项卡、"相机"选项卡和"环境"选项卡。

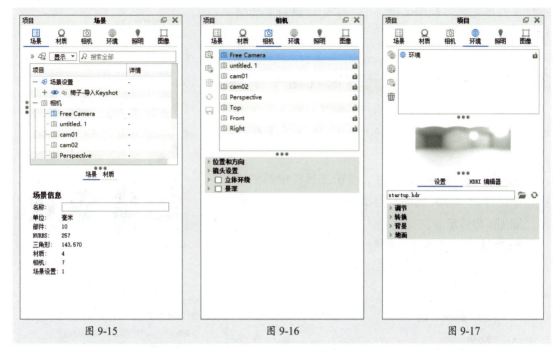

图 9-15　　　　　　　图 9-16　　　　　　　图 9-17

"项目"面板中部分选项卡的作用如下。

- **场景:**该选项卡中包含场景中的所有项目,可以通过该选项卡中的模型集,更轻松地处理模型。
- **材质:**该选项卡中包括所有用到的材质,可以选中相应的材质进行设置。
- **相机:**该选项卡中包括所有相机,可以对选中的相机进行设置。
- **环境:**在该选项卡中可以添加和编辑场景的HDR光照以及背景和接地性能。
- **照明:**通过该选项卡,可以轻松控制场景的全局照明设置。
- **图像:**用于设置图像尺寸及纵横比,还可以在该选项卡中添加非破坏性图像效果。

> **操作提示**
> 通过工具栏中的"项目"按钮可以隐藏或显示"项目"面板,也可以通过空格键切换"项目"面板的隐藏或显示。

6. 实时视图

实时视图是KeyShot渲染器最主要的组成部分,用户可以在该区域中直观地看到模型效果,还可以对模型的大小、位置等进行调整。

9.4 材质库

材质库中包括多种材质预设，用户可以将这些预设应用至模型。选择"库"面板中的"材质"选项卡，即可找到这些材质预设，如图9-18所示。下面将对材质的赋予和编辑进行介绍。

9.4.1 案例解析——渲染儿童手机模型

通过材质库可以简单地为产品赋予材质，本例将通过添加材质渲染具有真实质感的儿童手机模型，具体操作过程介绍如下。

步骤 01 打开KeyShot软件，单击工具栏中的"导入"按钮，打开"导入文件"对话框，选中要导入的素材文件，如图9-19所示。

步骤 02 单击"打开"按钮，打开"KeyShot导入"对话框，设置参数，如图9-20所示。

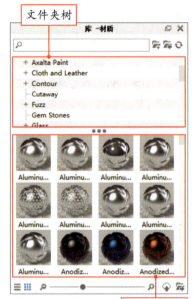

图 9-18

图 9-19

图 9-20

步骤 03 单击"导入"按钮，导入本章素材文件，如图9-21所示。

图 9-21

步骤 04 单击"库"面板中的"材质"选项卡,选择Plastic材质中的Hard Shiny Plastic White材质球并拖曳至儿童手机主体上,如图9-22所示。

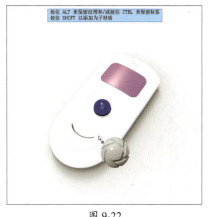

图 9-22

步骤 05 在"项目"面板"材质"选项卡底部双击添加的材质球,单击"漫反射"选项右侧的颜色色块■■■,打开"颜色拾取工具-漫反射"对话框设置漫反射颜色,如图9-23所示。

步骤 06 设置完成后单击"确定"按钮,在"材质"选项卡中单击"高光"选项右侧的颜色色块■■■,打开"颜色拾取工具-高光"对话框设置高光颜色,如图9-24所示。

步骤 07 设置完成后单击"确定"按钮,在"材质"选项卡中设置"粗糙度"和"折射指数"参数,如图9-25所示。

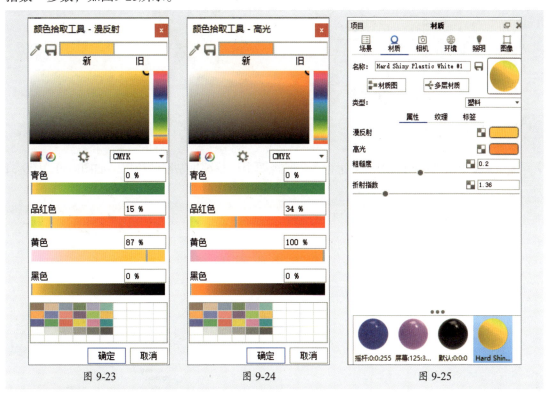

图 9-23　　　　　图 9-24　　　　　图 9-25

步骤 08 此时实时视图中的效果如图9-26所示。

步骤 09 在"库"面板"材质"选项卡中选择Plastic材质中的Hard Textured Plastic Red材质球,将其拖曳至儿童手机摇杆上,如图9-27所示。

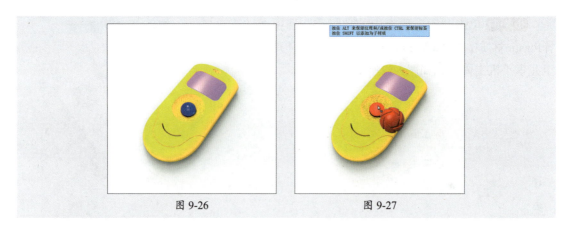

图 9-26　　　　　　　图 9-27

步骤 10 在"材质"选项卡中设置漫反射及高光颜色，如图9-28所示。

步骤 11 此时实时视图中的效果如图9-29所示。

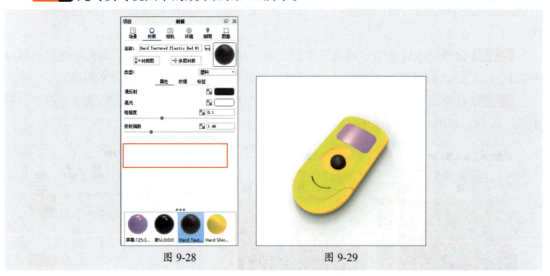

图 9-28　　　　　　　图 9-29

步骤 12 单击"移动纹理"按钮，在实时视图中调整纹理贴图的位置，如图9-30、图9-31所示。

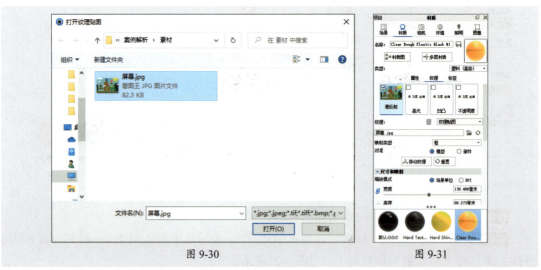

图 9-30　　　　　　　图 9-31

步骤 13 单击实时视图底部的 ✓ 按钮确认，效果如图9-32所示。

步骤 14 选中"库"面板"环境"选项卡中的2 Panels Straight 4K环境，拖曳至"实时视图"中替换当前环境，调整相机角度，效果如图9-33、图9-34所示。

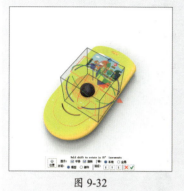  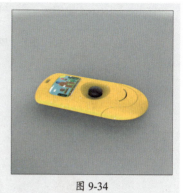

图 9-32　　　　　　　　　图 9-33　　　　　　　　　图 9-34

至此，完成儿童手机模型的渲染。

9.4.2　赋予材质——将材质添加至模型

选择"文件夹树"中的文件夹，在"材质缩略图"区域展开相应的材质缩略图，选中需要的材质，将其拖曳至"实时视图"中的模型上即可为其添加相应的材质，如图9-35、图9-36所示。

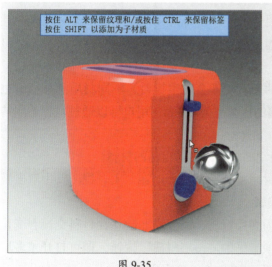 

图 9-35　　　　　　　　　　　　　图 9-36

用户也可以将材质拖曳至"项目"面板"场景"选项卡中相应的模型上来赋予材质。

9.4.3　编辑材质——调整材质效果

选择"项目"面板中的"材质"选项卡，双击底部的材质缩略图，即可对该材质进行编辑，如图9-37所示。不同材质的"材质"选项卡也有所不同，如图9-38所示为选择其他材质缩略图时的"材质"选项卡。

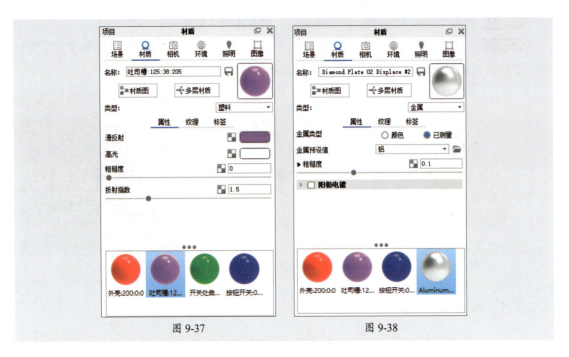

图 9-37　　　　　　　　　　图 9-38

常见的一些材质选项的作用如下。

- **漫反射**：许多类型的材质都有"漫反射"选项，该选项可以控制材质上漫反射光线的颜色。
- **高光**：若反射面比较光滑，当平行光线照射到这个反射面时，仍会平行地向一个方向反射出去，这种反射就属于镜面反射，即我们常说的高光。当表面经过抛光并且几乎没有缺陷时，材料会呈现反光。当镜面反射颜色设置为黑色时，材质将不会出现高光。
- **折射率**：当光以不同的速度穿过不同的介质时即会发生折射，不同材质的折射率也有所不同，如水的折射率为 1.33，玻璃的折射率为 1.5 等，用户可以通过设置不同的折射率表现不同的材质特点。
- **粗糙度**：该选项可以在表面添加微观级别的缺陷以创建粗糙的材料。

除了在"材质"选项卡中选择要编辑的材质外，用户还可以在"实时视图"中双击模型上的某个部分，即可对该部分的材质进行编辑。

在设置材质时，用户还可以将材质转换为多层材质，以促进非破坏性材料交换、变化或颜色研究。单击"项目"面板"材质"选项卡中的"多层材质"按钮，即可打开"多层材质"列表，如图 9-39 所示。用户可以将材质预设拖曳至该列表中，添加子材质，如图 9-40 所示。

图 9-39　　　　　　　　　　图 9-40

在"多层材质"列表中选择一种材质，即可对该材质进行编辑，并可在"实时视图"中观看该种材质的效果。若要从"多层材质"列表中删除材料，选中后单击该列表左侧的"删除材质"按钮 即可。

9.4.4 自定义材质库——新增材质

KeyShot支持导入新的材质，单击材质库中的"新建文件夹"按钮 打开"添加文件夹"对话框新建文件夹，单击"导入"按钮 打开"导入KeyShot材质"对话框选择要导入的材质，然后单击"打开"按钮即可将选中的材质添加至材质库中。

9.5 颜色库

颜色库中包括KeyShot渲染器中预设的所有颜色，用户可以选择颜色库中的颜色并将其应用至"实时视图"中的模型上，以替代材质的原色，如图9-41、图9-42所示。

图 9-41

图 9-42

若要替换材质的其他颜色参数，可以按住Alt键将颜色拖曳至模型上，即可在材质的所有颜色值之间进行选择，如图9-43所示。

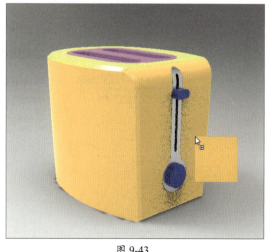
图 9-43

单击"库"面板"颜色"选项卡中的"在选定组中寻找感觉最接近的颜色"按钮，可打开"颜色拾取工具"对话框，在该对话框中选择一种颜色，单击"确定"按钮，即可在"颜色"选项卡中找到相似的颜色，如图9-44、图9-45所示。

图 9-44　　　　　　　　图 9-45

除了预设的颜色外，用户也可以添加颜色或颜色组。选中"颜色"选项卡中的"文件夹树"，单击"新建文件夹"按钮或在"文件夹树"中右击，在弹出的快捷菜单中选择"添加"命令，即可打开"新建组"对话框，在该对话框中设置新组的名称后单击"确定"按钮即可新建颜色组，如图9-46所示。

在"颜色缩略图"区域右击鼠标，在弹出的快捷菜单中选择"添加颜色"命令，即可打开"添加颜色"对话框，如图9-47所示。设置颜色名称并选取颜色后单击"确定"按钮，即可为当前选中的文件夹添加颜色，如图9-48所示。

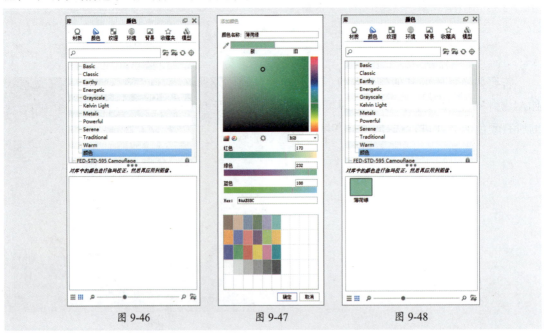

图 9-46　　　　　　图 9-47　　　　　　图 9-48

9.6 灯光

灯光可以增加模型渲染的真实感和氛围感，使模型更具立体效果。在KeyShot渲染器中，用户可以通过光源材质创建照明效果。

9.6.1 案例解析——渲染闹钟模型

灯光可以提升渲染图的质感和氛围，使渲染效果更加真实。本例将通过材质库和灯光渲染闹钟模型，具体的操作过程如下。

步骤01 打开KeyShot软件，导入本章素材文件，如图9-49所示。

步骤02 单击"库"面板中的"材质"选项卡，选择Glass材质中的Glass Basic White材质球，将其拖曳至闹钟屏幕上，如图9-50所示。

图 9-49

图 9-50

步骤03 在"库"面板"材质"选项卡中选择Plastic材质中的Soft Textured White材质球，将其拖曳至闹钟主体上，如图9-51所示。

步骤04 在"项目"面板"场景"选项卡中选择闹钟面板模型，右击鼠标，在弹出的快捷菜单中执行"材质"|"解除链接材质"命令解除材质链接。在"库"面板"材质"选项卡中选择Plastic材质中的Hard Textured Plastic Black材质球，将其拖曳至"项目"面板"场景"选项卡中的闹钟面板模型上，如图9-52所示。

图 9-51

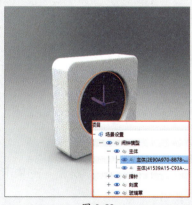
图 9-52

步骤 05 在"项目"面板"材质"选项卡底部双击添加的材质球,选择"纹理",选择"漫反射"复选框添加纹理贴图,效果如图9-53所示。

步骤 06 在"库"面板"材质"选项卡中选择Plastic材质中的Hard Shiny Plastic Black材质球,将其拖曳至"项目"面板"场景"选项卡中的指针上,如图9-54所示。

图 9-53　　　　　　　　　　图 9-54

步骤 07 使用相同的方法,为刻度模型赋予Hard Shiny Plastic Black材质球,效果如图9-55所示。

步骤 08 单击"库"面板中的"模型"选项卡,选择Backdrop Round模型并将其拖曳至"实时视图"中,如图9-56所示。

图 9-55　　　　　　　　　　图 9-56

步骤 09 在"项目"面板"材质"选项卡中双击插入模型的材质球,设置颜色,效果如图9-57所示。

步骤10 单击"库"面板中的"模型"选项卡,选择Sphere模型并将其拖曳至"实时视图"中,调整至合适位置,如图9-58所示。

图 9-57

图 9-58

步骤11 选择"库"面板"材质"选项卡中的Light材质,在下方的材质球中选择Point Light 1200 Lumen Warm材质,将其拖曳至"项目"面板"场景"选项卡中的Sphere图层上,效果如图9-59所示。

步骤12 至此完成闹钟模型的渲染,如图9-60所示。

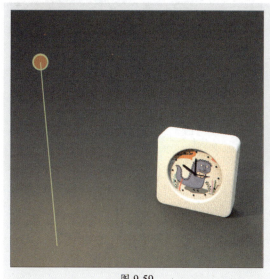
图 9-59

图 9-60

9.6.2 认识光源——了解常用光源

KeyShot渲染器中的光源材质分为区域灯、IES灯、点光源和聚光灯4种类型,如图9-61所示。用户可以利用任何几何体制作光源效果。

各种光源材质的作用分别如下。

- **区域灯（Area Light）**：该类型光源材质可提供广泛的光色散，类似于泛光灯效果，如图9-62所示。
- **IES灯（IES Light）**：该类型光源材质可以表现光源亮度分布，如图9-63所示。

图 9-61

图 9-62
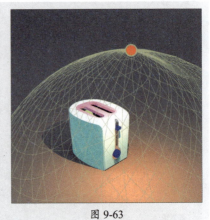
图 9-63

- **点光源（Point Light）**：将点光源材质应用于几何体将会替换位于零件中心的点，如图9-64所示。
- **聚光灯（Spotlight）**：该类型光源材质可以制作出聚光灯效果，如图9-65所示。

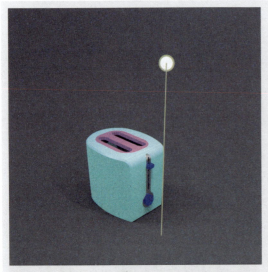
图 9-64
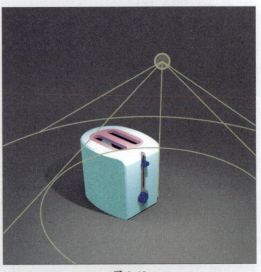
图 9-65

操作提示

在添加光源材质之前添加一个模型作为背景，可以更好地观察灯光效果。

9.6.3 编辑光源材质——调整灯光效果

对于不同的光源材质，用户都可以在"项目"面板中的"材质"选项卡中对其进行调整。下面将以聚光灯为例进行介绍。

在"项目"面板的"材质"选项卡中选中聚光灯材质球并双击，即可展开相关的选项对其进行调整，如图9-66所示。用户可以通过调整光束角调整聚光灯的大小，如图9-67所示为光束角为"60°"时的效果。

聚光灯"材质"选项卡中部分选项的作用如下。

- **颜色**：用于设置灯光颜色。单击右侧的色块即可打开"颜色拾取工具-颜色"对话框进行设置。
- **电源**：用于设置光源强度。
- **光束角**：用于设置光束的角度。
- **衰减**：用于设置光束向边缘变暗的点。数值越高，从亮到暗的过渡就越柔和。
- **半径**：用于设置从灯光投射的阴影的柔和度。半径越大阴影越柔和。

除了光源材质外，"项目"面板中的"照明"选项卡中还有一些预设的照明效果，如图9-68所示。其中部分选项的作用如下。

- **基本**：该预设为基本场景和快速性能提供简单、直接的带阴影的照明。常用于渲染由环境照亮的简单模型。
- **产品**：该预设提供带阴影的直接和间接照明。常用于渲染具有被环境和局部照明照亮的透明材料的产品。
- **室内**：该预设具有针对内部照明优化的阴影的直接和间接照明，适用于具有间接照明的复杂室内照明。
- **珠宝**：该预设与"室内"类似，但增加了地面照明、增加了光线反射和焦散。

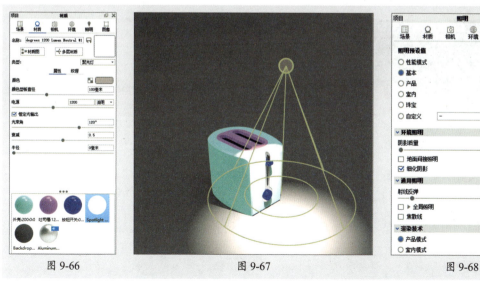

图 9-66　　　　　　　　图 9-67　　　　　　　　图 9-68

9.7 环境库

KeyShot渲染器主要通过环境照明来照亮场景，用户可以在"环境库"中找到许多环境照明预设，如图9-69所示。

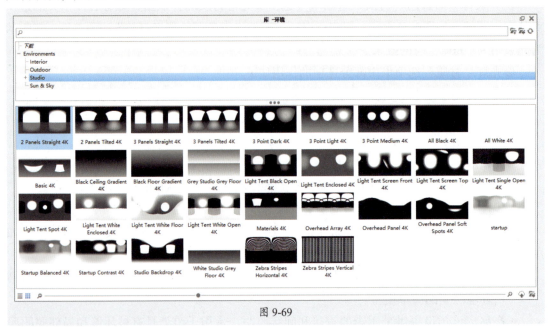

图 9-69

1. 添加环境

在KeyShot渲染器中，用户可以选择多种方式添加环境，常见的有以下两种。

- 选中"库"面板"环境"选项卡中的环境，拖曳至"实时视图"中，即可替换当前环境，如图9-70、图9-71所示。

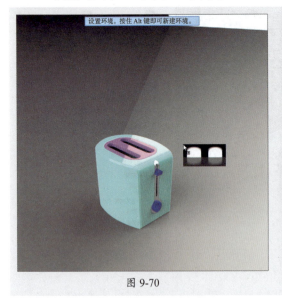

图 9-70

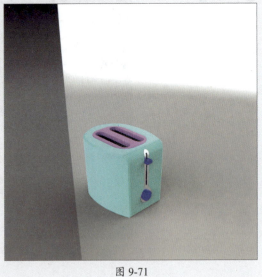

图 9-71

- 双击"库"面板"环境"选项卡中的环境，即可替换当前环境。

2. 编辑环境

在"项目"面板的"环境"选项卡中，可以对环境进行编辑。图9-72所示为使用3 Panels Tilted 4K环境时的"环境"选项卡。

该选项卡中部分选项的作用如下。

- **亮度**：用于调整环境亮度。
- **对比度**：用于增加环境的暗部和亮部对比。
- **大小**：用于决定环境的大小。
- **高度**：用于设置环境相对于地平面的垂直位置。
- **旋转**：用于设置环境旋转。
- **照明环境**：选择该选项将使用照明环境的图像作为场景中的背景，用户可以按E键快速切换。
- **颜色**：选择该选项，将使用颜色作为场景中的背景，用户可以选择合适的颜色。按C键可以快速切换。
- **背景图像**：选择该选项将打开"打开背景"对话框选择背景图像。按B键可以快速切换。

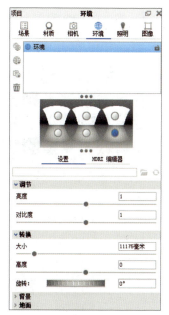

图 9-72

- **地面阴影**：选择该复选框，将显示地面阴影，用户可以自定义阴影的颜色。
- **地面遮挡阴影**：选择该复选框，将使用遮挡阴影代替投影。
- **地面反射**：选择该复选框，将显示地面反射。
- **整平地面**：选择该复选框，可将低于地面的环境部分投影到地平面上，若场景中的背景为照明环境，则关联高度和宽度。
- **地面大小**：用于设置虚拟底平面的大小，该选项仅影响地面阴影的效果。

> **操作提示**
>
> 在"库"面板中，有专门的"背景"选项卡，用户可以通过该选项卡选取合适的背景拖曳至"实时视图"中添加背景图像效果。

9.8 纹理库

为模型添加图像或程序纹理，可以创建细节，使渲染效果更加独特。常见的纹理类型包括图像纹理、2D纹理和3D纹理，其中图像纹理是使用图像文件作为纹理，2D和3D都是程序生成的纹理。下面将针对纹理的应用进行介绍。

1. 添加纹理

"库"面板"纹理"选项卡中包括KeyShot渲染器中大量的纹理预设，如图9-73所示。直接从该选项卡中拖曳纹理至"实时视图"中的模型上，即可打开"纹理贴图类型"面板，如图9-74所示，在该面板中选择纹理贴图类型即可。

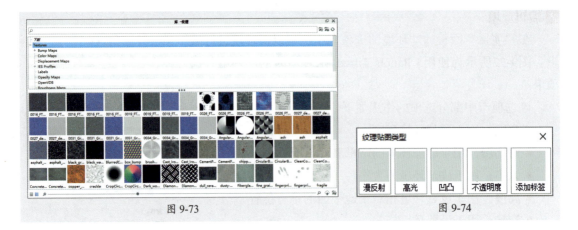

图 9-73　　　　　　　　　　　　　　图 9-74

用户也可以直接拖曳纹理至"项目"面板"材质"选项卡中"纹理"类型相应的贴图类型上，即可添加纹理效果。

若在"库"面板"纹理"选项卡中没有找到需要的纹理效果，也可以从文件添加纹理，常见的方式有以下3种：

- 勾选"项目"面板"材质"选项卡中"纹理"类型相应的贴图类型或双击，即可打开"打开纹理贴图"对话框进行选择。
- 单击"库"面板"纹理"选项卡中的"导入" 按钮，打开"选择要导入的文件"对话框进行选择。
- 直接从文件夹中拖曳图像至"实时视图"中的模型上，在弹出"纹理贴图类型"面板中选择纹理贴图类型即可。

2. 贴图类型

KeyShot渲染器中有4种主要的贴图类型：漫反射、高光、凹凸和不透明度，如图9-75所示。

这4种贴图类型的作用如下。

- **漫反射**：该贴图类型可提供全彩色信息，并在使用具有Alpha透明度的PNG时显示透明度。
- **高光**：该贴图类型可以使用黑色和白色的值指示具有不同水平镜面强度的区域。其中，黑色表示镜面反射率为0%的区域，而白色表示镜面反射率为100%的区域。

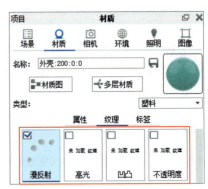

图 9-75

- **凹凸**：该贴图类型可在材质中创建不可能包含在模型中的精细细节，如金属拉丝等。用户可以通过"凹凸高度"参数设置凹凸的效果。
- **不透明度**：该贴图类型可以使用黑白值或Alpha通道使材质区域透明。

> **操作提示**
>
> 在"项目"面板"材质"选项卡中，按住鼠标左键拖曳即可将纹理从一种贴图类型移动到另一种，若按住Alt键拖曳，将复制拖曳的纹理。

3. 映射类型

用户可以将2D图像以图形纹理或2D纹理的方式放置到3D对象上，当图像纹理或 2D纹理处于活动状态时，可以在"项目"面板"材质"选项卡中选择7种映射类型，如图9-76所示。

图 9-76

这7种映射类型的效果如下。

- **平面**：该映射类型将在X、Y或Z轴上投影纹理。
- **框**：该映射类型的纹理拉伸最小，适用于大多数情况。选择该映射类型将从立方体的六个侧面向三维模型投影纹理。
- **圆柱体**：该映射类型将从圆柱体向内投影纹理，纹理将在朝向圆柱体内部的曲面上投影出最佳效果。
- **球体**：该映射类型将从球体向内投影纹理，与平面贴图相比，在处理多面对象时拉伸较少。
- **UV**：该映射类型可以设计纹理贴图如何应用于每个表面。
- **相机**：该映射类型将保持纹理相对于摄影机的方向，这将在曲面上提供一致的纹理外观。
- **节点**：该映射类型允许用户驱动纹理与另一个节点的映射。若要使用节点进行纹理映射，需要将节点的输出套接字拖放到要驱动的图像纹理或2D纹理上，并将其作为UV映射输入连接到纹理。图9-77所示为打开的"材质图"面板。

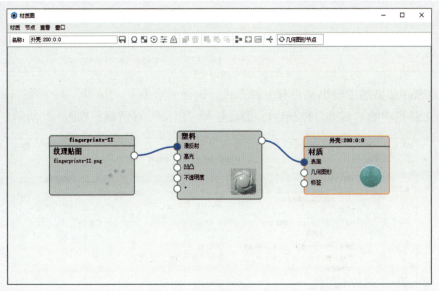

图 9-77

> **操作提示**
> 单击"项目"面板"材质"选项卡中的"材质图"按钮，即可打开"材质图"面板。

4. 移动纹理

添加纹理后，单击"项目"面板"材质"选项卡中"纹理"区域的"移动纹理"按钮，即可在"实时视图"中对纹理进行移动，如图9-78、图9-79所示。设置完成后单击"确认"按钮☑即可。

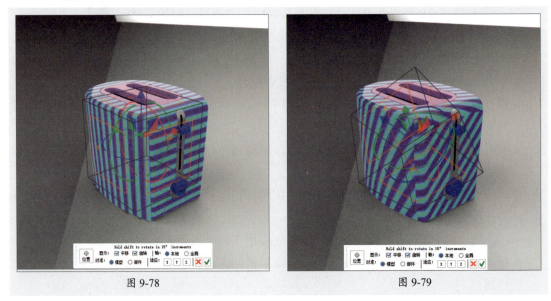

图 9-78　　　　　　　　　　　　　　　图 9-79

9.9　渲染输出

设置完模型的材质、灯光、环境等细节后，可以选择将其输出为不同的格式。下面将对此进行介绍。

1. 输出

在KeyShot渲染器中输出文件有多种方式。执行"渲染"|"渲染"命令或按Ctrl+P组合键或单击工具栏中的"渲染"按钮，即可打开"渲染"对话框，如图9-80所示。

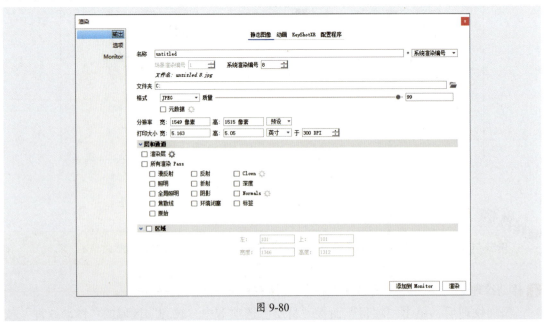

图 9-80

在该对话框中，用户可以选择4种输出类型：静态图像、动画、KeyShotXR和配置程序。这4种输出类型的作用分别如下。

- **静态图像：**用于输出单一的静态图像。
- **动画：**用于输出动画，仅当场景中存在动画时才可以选择该类型。
- **KeyShotXR：**用于输出包含所有代码和图像的交互式KeyShotXR。该类型仅在配置有KeyShotWeb插件时可用。
- **配置程序：**用于渲染通过配置器向导设置的一系列静止图像及其随附的可选模型、材质，若有KeyShotWeb插件，还可以为Web输出。

选择相应的输出类型后，即可对输出文件的名称、文件位置、格式等参数进行设置，设置完成后单击"渲染"按钮即可打开"渲染输出"窗口输出图像，如图9-81、图9-82所示。

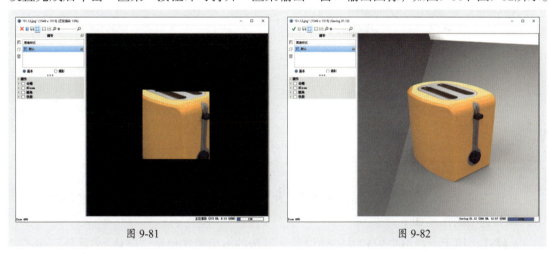

图 9-81　　　　　　　　　　　　　　图 9-82

用户也可以单击"添加到Monitor"按钮将该设置添加到队列中，单击"处理Monitor"按钮依次渲染，如图9-83所示。

图 9-83

2. 选项

在"渲染"对话框中，还包括一个"选项"选项卡，该选项卡中包含渲染模式、CPU使用率和渲染质量的所有设置，如图9-84所示。

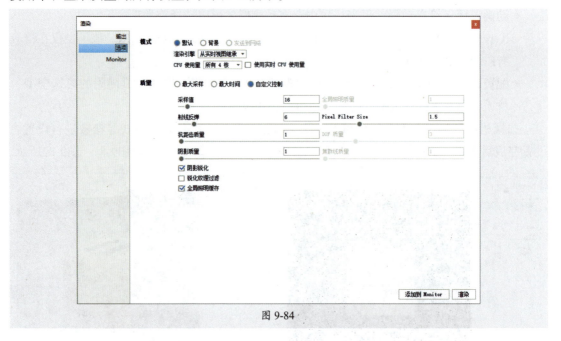

图 9-84

在该选项卡中，用户可以对渲染的模式和质量进行设置，以得到更好的渲染效果。其中，部分选项的作用如下。

- **模式**：用于选择渲染模式并进行设置，可选的渲染模式包括"默认""背景"和"发送到网络"3种。选择"默认"渲染模式可以在调整渲染输出设置后立即渲染，若使用KeyShot Pro，将会把渲染发送到渲染队列；选择"背景"渲染模式允许用户在背景中运行渲染并继续工作；选择"发送到网络"渲染模式允许用户将渲染作业发送到KeyShot网络渲染监视器。
- **CPU使用量**：用于设置CPU的使用。
- **质量**：用于设置质量输出选项，包括"最大采样""最大时间"和"自定义控制"3种。其中，选择"最大采样"可以对采样值和Pixel Filter Size进行调整；选择"最大时间"将在设置的时间量内逐步优化渲染；选择"自定义控制"可在高噪点或阴影区域产生更平滑的结果。
- **射线反弹**：用于设置光线在场景中反弹时计算的次数。
- **抗锯齿质量**：用于设置像素边缘平滑强度，默认为1。
- **阴影质量**：用于控制地面和物体阴影的阴影质量。该数值将会影响渲染时间，数值越大，渲染时间越长。
- **Pixel Filter Size**：用于设置图像像素模糊，以避免计算机生成的图像可能具有过于清晰的外观的情况。
- **DOF质量**：用于制作景深效果。
- **阴影锐化**：选择该复选框，可得到较为清晰的阴影。

课堂实战 渲染热水壶模型

本案例将练习渲染热水壶模型,以巩固前面所学的知识。具体操作过程如下。

步骤 01 打开KeyShot软件,导入本章素材文件,如图9-85所示。

步骤 02 单击"库"面板中的"材质"选项卡,选择Metal材质中的Hard Rough Plastic Black材质球,将其拖曳至热水壶底部,如图9-86所示。

图 9-85

图 9-86

步骤 03 使用相同的方法,为把手和壶盖把手赋予相同的材质,如图9-87所示。

步骤 04 选择Paint材质中的Paint Textured Yellow材质球,将其拖曳至热水壶壶身及壶盖,如图9-88所示。

图 9-87

图 9-88

步骤 05 选择Paint材质中的Paint Textured Black材质球，将其拖曳至Logo，如图9-89所示。

步骤 06 选择Light材质中的Emissive Warm材质球，将其拖曳至指示灯，并在"项目"面板"材质"选项卡中设置其颜色为红色，效果如图9-90所示。

图 9-89

图 9-90

步骤 07 选择Metal材质中的Magnesium Brushed材质球，将其拖曳至壶嘴，并在"项目"面板"材质"选项卡中设置金属预设值为银，效果如图9-91所示。

步骤 08 在"库"面板"环境"选项卡中选择Light Tent Single Open 4K，将其拖曳至实时视图中，效果如图9-92所示。

图 9-91

图 9-92

步骤 09 在"项目"面板"环境"选项卡中设置参数，如图9-93、图9-94所示。

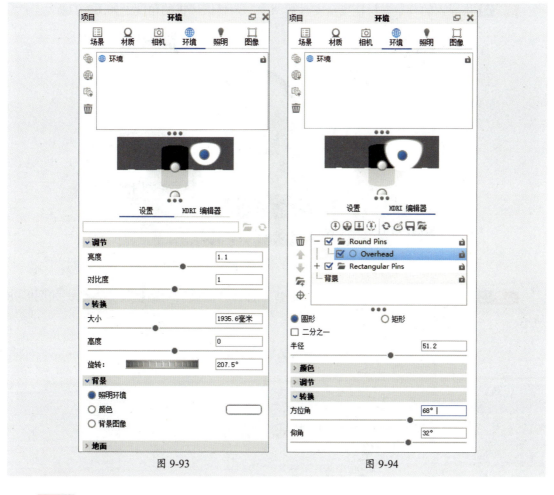

图 9-93　　　　　　　　　　图 9-94

步骤 10 此时实时视图中的效果如图9-95所示。

步骤 11 在"库"面板"背景"选项卡中单击"导入"按钮,导入本章背景素材,如图9-96所示。

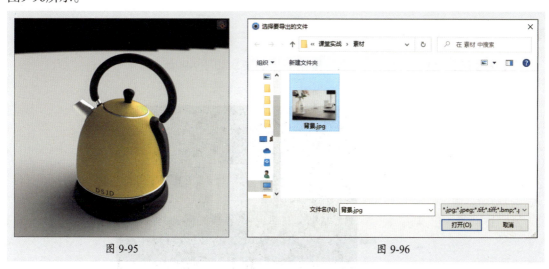

图 9-95　　　　　　　　　　图 9-96

步骤 12 将导入的背景素材拖曳至实时视图中，调整摄像机的角度，如图9-97所示。

图 9-97

步骤 13 单击工具栏中的"渲染"按钮，打开"渲染"对话框设置参数，如图9-98所示。

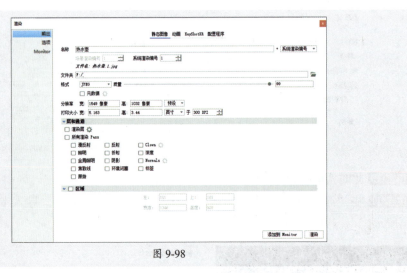

图 9-98

步骤 14 设置完成后单击"渲染"按钮开始渲染，如图9-99所示。

图 9-99

步骤 15 渲染完成后,选择"去噪"复选框,去除图像中的噪点,如图9-100所示。

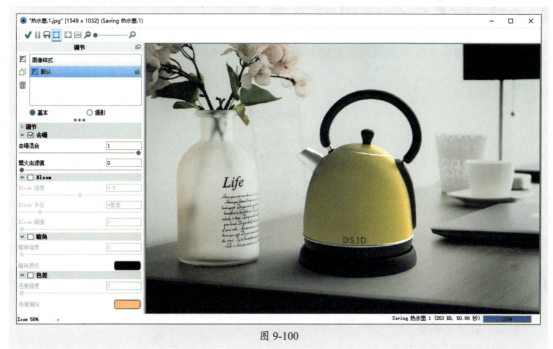

图 9-100

步骤 16 单击"保存"按钮保存图像,如图9-101所示。
步骤 17 至此完成热水壶模型的渲染,如图9-102所示。

图 9-101　　　　　　　　　　　　　图 9-102

课后练习　渲染置物架模型

下面将利用本章所学知识渲染置物架模型，如图9-103所示。

图 9-103

1. 技术要点

- 在KeyShot中导入置物架模型。
- 赋予材质并调整。
- 设置照明环境及背景。

2. 分步演示

演示步骤如图9-104所示。

（a）导入 Rhino 文件

（b）为支架赋予材质

（c）添加模型赋予材质

（d）添加模型

（e）为新增模型赋予灯光

（f）渲染出图

图 9-104

拓展赏析

神州第一挖·700吨液压挖掘机

挖掘机,相信大家都了解,在建筑、交通运输、水利施工、采矿工程、现代化军事工程领域中都能够见到它的身影,是土石方施工现场必不可少的机械设备。但机身总长23.5米,高9.44米,重量达到700吨,动力超过2台99式坦克的挖掘机,这款"钢铁巨兽",你们见过吗?它就是徐工集团生产的EX700E液压挖掘机,如图9-105所示。它的出现,打破了美日德的长期垄断,对我国工程机械行业的发展都有着重要的意义。

图 9-105

这款挖掘机的铲斗宽5米,能装下34立方米的矿物,用它来挖煤,一铲斗能挖近60吨的煤,8小时就能填满一节火车皮,完成3万多吨煤的装载任务。与其他普通挖掘机相比,这款"钢铁巨兽"的优势体现在以下几个方面:

- 使用两台1700马力的电动机作为动力来源,比起国内先进的主战坦克的动力还要强。
- 铲斗的最大推力高达243吨,斗杆力高达230吨。启动起来绝对是震天动地,排山倒海。
- 每小时可装载5000吨物料,每天可完成3-4万吨煤炭的转载量。

国产700吨液压挖掘机不仅是"中国最大吨位"那么简单,它还意味着我国在超大型挖掘机领域,从零部件到操作系统,第一次实现关键技术国产化,拥有自主专利52项,比如,它采用的自补油自适应底盘涨紧系统、双动力组件耦合控制系统等技术都是我国独有的。

参考文献

[1] CAD/CAM/CAE技术联盟. AutoCAD 2014室内装潢设计自学视频教程 [M]. 北京：清华大学出版社，2014.

[2] CAD辅助设计教育研究室. 中文版AutoCAD 2014建筑设计实战从入门到精通 [M]. 北京：人民邮电出版社，2015.

[3] 姜洪侠，张楠楠. Photoshop CC图形图像处理标准教程 [M]. 北京：人民邮电出版社，2016.